轻型汽车国六蒸发排放试验能力比对指南

陈大为　张海燕　付雨民　著

中国环境出版集团·北京

图书在版编目（CIP）数据

轻型汽车国六蒸发排放试验能力比对指南 / 陈大为，张海燕，付雨民著. -- 北京 : 中国环境出版集团，2025. 9. -- ISBN 978-7-5111-6390-5

Ⅰ. X734.201-65

中国国家版本馆 CIP 数据核字第 2025NE7832 号

责任编辑 殷玉婷
封面设计 宋 瑞

出版发行 中国环境出版集团
（100062 北京市东城区广渠门内大街 16 号）
网 址：http://www.cesp.com.cn
电子邮箱：bjgl@cesp.com.cn
联系电话：010-67112765（编辑管理部）
010-67112736（第五分社）
发行热线：010-67125803，010-67113405（传真）

印 刷 北京中科印刷有限公司
经 销 各地新华书店
版 次 2025 年 9 月第 1 版
印 次 2025 年 9 月第 1 次印刷
开 本 787 × 1092 1/16
印 张 11.25
字 数 176 千字
定 价 76.00 元

写作小组

组　长：陈大为　　张海燕　　付雨民

成　员：钱立运　　关　敏　　王明达

季　欧　　滕　琦　　王鲁昕

石来华　　温　溢　　赖益土

徐小六　　李健彰　　王宏丽

章节作者

第 1 章	轻型汽车燃油蒸发污染物排放及控制	付雨民　王宏丽　张远军
第 2 章	比对范围 / 术语和定义	钱立运　黄文栋　孙　嘉
第 3 章	实验室间比对组织	滕　琦　王明伟　赖益土
第 4 章	比对试验方案的设计与实施	关　敏　石来华　徐小六
第 5 章	比对试验结果的统计与评价	王明达　马　毅　庹大江
第 6 章	问题分析与改进	王鲁昕　金煜程　刘珈言
第 7 章	比对报告的编制及发布	季　欧　王凤滨　温　溢
第 8 章	轻型汽车国六燃油蒸发污染物排放试验比对方案案例	张海燕　李健彰　杜红云

PREFACE 前言

《轻型汽车污染物排放限值及测量方法（中国第六阶段）》（GB 18352.6—2016）（以下简称轻型国六）大幅提高了燃油蒸发污染物排放控制要求，自标准实施以来，燃油蒸发污染物排放总量得到了有效控制。为加强对各检测机构轻型汽车燃油蒸发污染物排放检测能力的监督、提高实验室排放检测技术水平、确保各检测机构燃油蒸发污染物排放检测结果的有效性和一致性、增强汽车生产企业对检测机构的认可度，特制定本指南。

本指南规定了轻型国六燃油蒸发污染物排放比对活动组织单位、牵头单位、实施单位的一般要求，对用于比对试验的样车、试验项目和检测方法、标准物质、试验数据的统计方法和结果评价方法做了要求，为组织实施轻型车蒸发实验室间比对活动提供了参考。

本指南适用于具备轻型国六标准要求的试验能力的轻型汽车燃油蒸发污染物排放实验室间的比对活动及能力验证工作，也可为实验室内部质量控制活动等提供指导。指南提供的方法也可作为开展实验室内部比对，如人员、仪器设备和检测方法比对活动的参考。

本指南的技术内容主要参考轻型国六中的有关规定，并满足《检测和校准实验室能力的通用要求》（GB/T 27025—2019）、国家认证认可监督管理委员会《检验检测机构资质认定评审准则》对实验室间比对的要求。为准确评价各实验室的测试精度，避免试验结果因其他因素出现较大波动的情况，本指南在轻型国六排放标准要求的基础上对燃油蒸发试验用样车和炭罐的检查、安装、预处理和试验步骤及要求做了更明确的规定，对试验数据的记录和统计方法也做了规定。

本指南有助于统一各实验室对轻型国六排放标准的认识。通过指导开展实验室间整车燃油蒸发污染物排放比对试验，提高各实验室间测试数据的可比性；发现各实验室在试验过程中存在的问题和偏差，制定改进措施。实验室间比对活动还能推动测试技术的不断更新和完善，助力轻型国六排放标准的实施。比对活动还为政府监管部门、汽车生产企业和相关研究机构制定更严格的排放标准提供了有力支持。

本指南在编写过程中得到多家资深检测机构的大力支持。相关机构及其专业人员在编写过程中提供了大量宝贵建议，同时协助完成了本指南的审阅校核等工作。在此特别感谢以下单位：招商局检测车辆技术研究院有限公司、厦门环境保护机动车污染控制技术中心、中汽研汽车检验中心（天津）有限公司、上海机动车检测认证技术研究中心有限公司、中国汽车工程研究院股份有限公司、襄阳达安汽车检测中心有限公司、长春汽车检测中心有限责任公司。

CONTENTS 目录

第1章

轻型汽车燃油蒸发污染物排放及控制

1.1　轻型汽车行业概况

自 2009 年起我国汽车产量已经连续 16 年蝉联世界第一，稳居全球最大汽车生产国。其中，2017 年汽车产量达到 2 902 万辆的最高点，之后受宏观经济环境和疫情影响，产量逐年下探至 2020 年 2 532 万辆的最低点；2021—2022 年又逐步恢复至 2 718 万辆。2016 年我国汽车产量在全球产量中的比重第一次超过 30%，其后一直保持在 30% 左右，其中 2021 年占比达到 35% 的高点，2022 年回落至 32%。在汽车保有量方面，截至 2024 年年底，我国机动车保有量达到 4.53 亿辆，其中汽车 3.53 亿辆，我国每千人汽车保有量约为 250 辆，美国、欧盟和日本每千人汽车保有量分别为 837 辆、637 辆和 639 辆，与之相比我国还有较大差距；经济发展水平与我国相似的俄罗斯、墨西哥每千人汽车保有量分别达到 363 辆、329 辆，表明国内汽车市场仍有一定的增长空间。

近年来，随着各项环保措施的落实，我国空气质量得到显著改善，339 个地级及以上城市细颗粒物（$PM_{2.5}$）年均浓度逐年下降，由 2016 年的 47 μg/m^3 下降至 2024 年的 29.3 μg/m^3。重点区域 $PM_{2.5}$ 浓度存在差异，京津冀及周边地区（“2+26”城市地区）和汾渭平原 $PM_{2.5}$ 年均浓度仍远高于二级标准。与此同时，臭氧（O_3）浓度在全国及重点区域均呈现出快速上升趋势。2024 年度，全国 339 个地级及以上城市空气质量平均优良天数比例为 87.2%，以 $PM_{2.5}$ 和 O_3 为首要污染物的超标天数分别占总超标天数的 39.1% 和 45.3%，$PM_{2.5}$ 和 O_3 年均浓度超标共同成为影响中国城市空气质量改善的主要障碍。同时，$PM_{2.5}$ 年均浓度和 O_3 年均浓度均与世界卫生组织推荐的基于健康的限值仍有较大差距。因此，协同控制 $PM_{2.5}$ 和 O_3 排放是空气质量改善的必由之路。而氮氧化物（NO_x）和挥发性有机物（VOCs）是 $PM_{2.5}$ 及 O_3 生成的重要前体物，协同控制 $PM_{2.5}$ 和 O_3 排放需要 NO_x 和 VOCs 共同减排。

根据《中国移动源环境管理年报（2024）》，2023 年全国机动车四项污染物一氧化碳（CO）、碳氢化合物（HC）、NO_x、颗粒物（PM）的排放总量为 1 466.2 万 t，同比减少 5.9%。其中，汽车是机动车污染物排放的主要贡献者，其排放的 CO、HC、NO_x、PM 同比分别减少 3.53%、5.16%、9.25%、21.88%。

2023 年，微小型客车 CO、HC、NO_x、PM 排放量分别为 457.0 万 t、129.5 万 t、23.4 万 t、0.1 万 t，分别占汽车各污染物排放量的 68.3%、75.0%、4.5%、2.1%。其中，微小型客车燃油蒸发 HC 排放量为 76.2 万 t，占汽车 HC 排放总量的 44% 以上。

1.2 轻型国六信息公开情况

截至 2024 年 6 月，共有 830 家企业 21 783 个车型（104 366 个信息公开编号）99 787 900 辆车进行了轻型国六环保信息公开。历年产销量排名前 100 位企业的燃油蒸发污染物排放控制技术路线统计结果表明：非混合动力车型均采用整体控制系统；对于非插电混合动力汽车，34.6% 的车型采用了整体控制系统，48.4% 的车型采用了非整体控制系统，还有 17.0% 的车型采用了非整体仅控制加油排放的炭罐系统（NIRCO）；在插电式混合动力汽车中，35.9% 的车型采用了整体控制系统，40.8% 的车型采用了非整体控制系统，还有 23.3% 的车型采用了非整体仅控制加油排放的炭罐系统。

上述非混合动力车型搭载的炭罐的最小容积为 1.35 L，最大容积为 4.36 L，平均容积为 2.07 L。上述非插电混合动力车型搭载的炭罐的最小容积为 1.42 L，最大容积为 3.45 L，平均容积为 2.71 L。上述插电混合动力车型搭载的炭罐的最小容积为 1.3 L，最大容积为 3.45 L，平均容积为 2.1 L。

统计的炭罐初始工作能力（BWC）的最小值为 4.7 g/100 mL，最大值为 8.1 g/100 mL，平均值为 6.7 g/100 mL。统计的炭罐有效吸附量的最小值为 78.24 g，最大值为 310.7 g，平均值为 159.5 g。

对上述车型的试验结果进行统计，在型式试验中非混合动力车型的燃油蒸发污染物排放结果平均为限值的 54.8%；非插电混合动力车型燃油蒸发污染物排放结果平均为限值的 51.8%；插电混合动力车型燃油蒸发污染物排放结果平均为限值的 52.6%。

1.3　燃油蒸发污染物排放法规进展

1.3.1　燃油蒸发污染物排放标准概述

当前，国际上主要有中美欧三大燃油蒸发测试体系。美国的燃油蒸发污染物控制始于 20 世纪 70 年代。1970 年，美国加利福尼亚州立法规定汽车必须安装活性炭罐，以防止油箱通气口的汽油蒸气排放到大气。但随着车辆保有量的增加和对机动车污染物排放认识的加深，美国国家环境保护局（Environmental Protection Agency，EPA）开始对车辆燃油蒸发产生的 VOCs 排放加大控制力度。20 世纪 90 年代，EPA 发布了《清洁空气法案修正案》（CAAA1990），要求对乘用车和轻型卡车实施车载加油油气排放控制。因此，汽车制造商在美国需要满足全时域的燃油蒸发污染物排放控制要求，包括进行热浸试验、72 h 昼夜试验、运行损失试验和加油排放试验。作为可选项，企业可选择进行热浸试验 +48 h 昼夜试验 + 加油排放试验，但需同步满足运行损失模拟的附加技术要求。2017 年开始实施的 EPA Tire3 排放标准引入了炭罐溢出排放（BETP）控制要求。

欧洲排放标准一阶段 Euro 1 及后续的二阶段 Euro 2 开始控制燃油蒸发污染物排放，要求测试 1 h 燃油箱呼吸损失和 1 h 热浸损失，二者之和应小于 2 g。欧洲排放标准三阶段 Euro 3 及后续的四、五阶段 Euro 4/5 标准将测试程序升级为 1 h 热浸损失和 24 h 燃油箱呼吸损失，二者之和应小于 2 g。欧洲排放标准六阶段 Euro 6c 标准开始要求 1 h 热浸损失和 48 h 燃油箱呼吸损失，限值仍为 2 g，但未考虑运行损失和加油蒸发污染物排放的控制要求。

我国轻型汽车排放标准的国一至国五阶段，基本参照欧洲法规的燃油蒸发污染物排放控制要求，需要测试 1 h 热浸损失和 24 h 燃油箱呼吸损失。2020 年实施的国六阶段标准大幅提高了燃油蒸发污染物排放控制要求。主要变化包括：增加了对加油排放的要求（$<$0.05 g/L），昼夜试验由 24 h 调整为 48 h，通过高温浸车和高温预处理等试验流程，间接模拟并考虑了运行损失的影响，最终燃油蒸发污染物排放限值由 2 g 下降为 0.7 g。为进一步改善我国的空气质量，特别是降低空气中 O_3 和 $PM_{2.5}$ 浓度，需要进一步减少 VOCs 的排放。车辆的燃油蒸发污染物排放是城市中 VOCs 的重要来源。因此，我国未来轻型汽车燃油蒸发污染物排放标准将研究借鉴发达国家和地区的燃油蒸发污染物排放的相关要求和测试程序，努力实现近零排放的目标。

1.3.2 燃油蒸发污染物排放测试方法

美国是最早开始进行燃油蒸发污染物排放控制的国家，早期整车燃油蒸发污染物排放测试采用收集法进行。20 世纪 80 年代，美国首次引入密闭室法开展燃油蒸发污染物排放测试，这种方法也称为浓度法。欧洲各国与我国开展车辆燃油蒸发污染物排放控制工作相对较晚，主要使用密闭室法进行测量。密闭室是可控制温度的密闭舱体，以模拟车辆热浸和昼夜循环所需的环境及温度条件。试验期间，车辆静置于密闭舱体内，产生的燃油蒸发污染物都会被舱体收集。最终，通过测量试验前后舱体内的碳氢化合物浓度、温度和压力，并结合舱体体积计算出燃油蒸发污染物排放总量。

燃油蒸发污染物排放测试流程包括车辆准备、炭罐满负荷加载、车辆浸车以及预处理行驶、热浸试验和昼夜试验等诸多环节。在准备环节，通过放油、重新加注试验燃油以及浸车等步骤，让试验车辆有一个统一的测试条件。炭罐满负荷加载是为了模拟车辆长时间停置导致炭罐吸满溢出的极限状态。车辆浸车则是为了模拟车辆在实际使用中的正常停车状态，其间产生的燃油蒸气会导向炭罐。车辆预处理行驶环节是为了模拟车辆正常行驶状态，评估炭罐脱附电磁阀是否合理开启以及炭罐脱附能力。最终的热浸试验和昼夜试验则分别是为了评估车辆正常行驶后停车 1 h 内的燃油蒸发污染物排放量和车辆夜间停放燃油箱呼吸产生的燃油蒸发污染物排放量。因此，燃油蒸发污染物排放测试流程是通过模拟车辆实际使用中的各个环节来评估车辆燃油蒸发污染物排放水平。

根据国六标准要求，燃油蒸发污染物排放测试主要包括 5 个环节，分别是车辆准备、炭罐预处理、车辆预处理行驶、热浸试验和 48 h 昼夜试验。在准备环节，原车燃油被更换为试验用基准燃油，在车辆浸车和预处理行驶过程中，发动机控制单元会对新油品进行学习和调整，确保每次试验前车辆达到一个稳定、统一的状态。在炭罐预处理环节，炭罐通过吸附丁烷完成加载，模拟车辆炭罐在实际使用条件下的油气吸附。在车辆预处理行驶环节，通过有代表性的工况行驶，考核车辆炭罐脱附能力。在车辆完成高温行驶后，7 min 内进入密闭室，开始 1 h 热浸排放试验，随后是 48 h 昼夜排放试验。热浸排放试验结果加上昼夜排放试验结果（48 h 昼夜试验中排放结果较大者）作为最终的燃油蒸发污染物排放结果。具体试验流程如图 1.1 所示。

1.3.3 燃油蒸发污染物排放测试设备

燃油蒸发密闭室测试系统主要由燃油蒸发密闭室、碳氢分析仪、炭罐预处理系统、饱和蒸气压测试仪以及加油系统组成。其中，密闭室是一个可调节温度压力的密闭空间，能够模拟车辆存放环境，通过采集密闭空间内样气的方法测量被测车辆的燃油蒸发污染物排放量。典型的密闭室应具备密闭舱体、压力补偿系统、扫气系统、控制系统、内循环系统、制冷系统、测量分析系统、制热系统等，如图 1.2 所示。

燃油蒸发污染物排放测试各流程涉及的测试设备如表 1.1 所示。

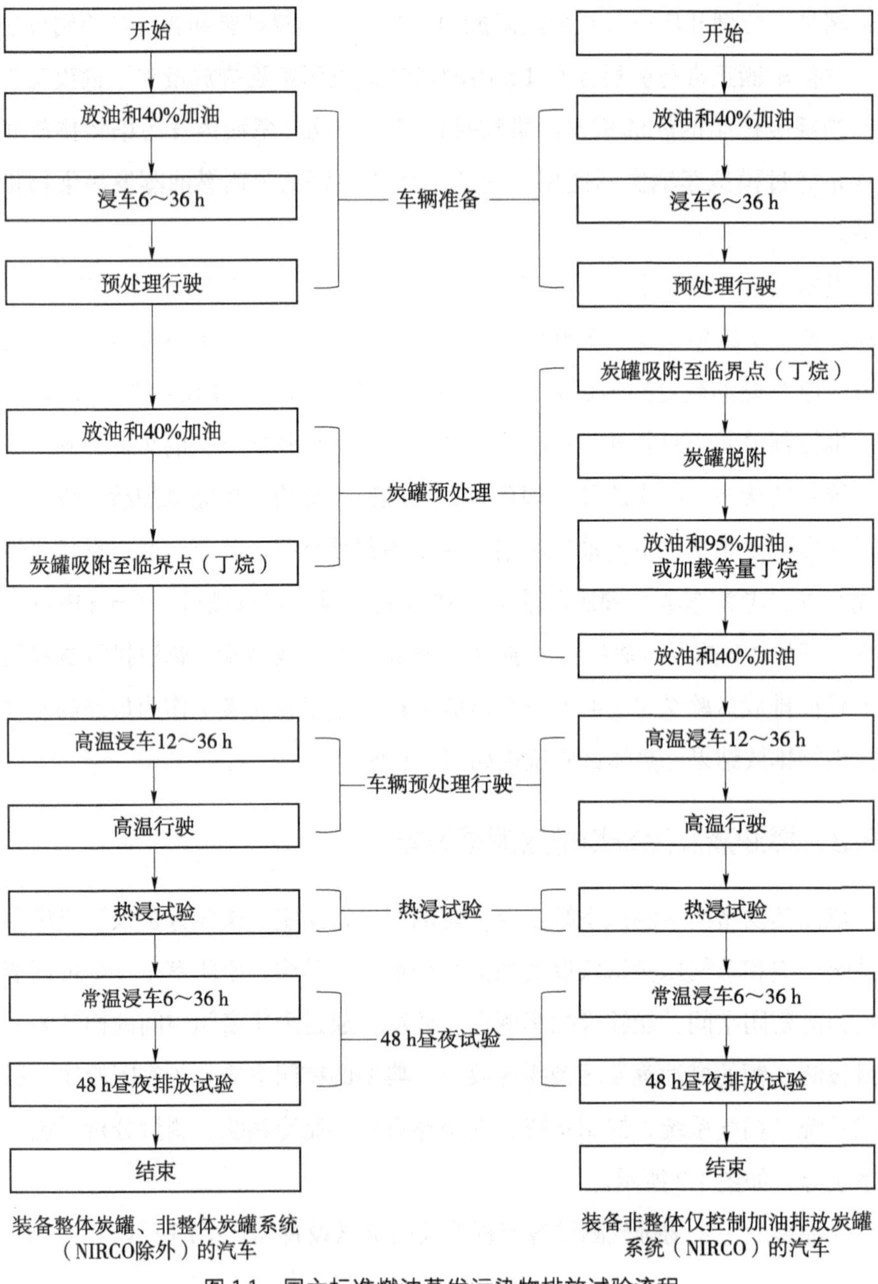

图 1.1　国六标准燃油蒸发污染物排放试验流程

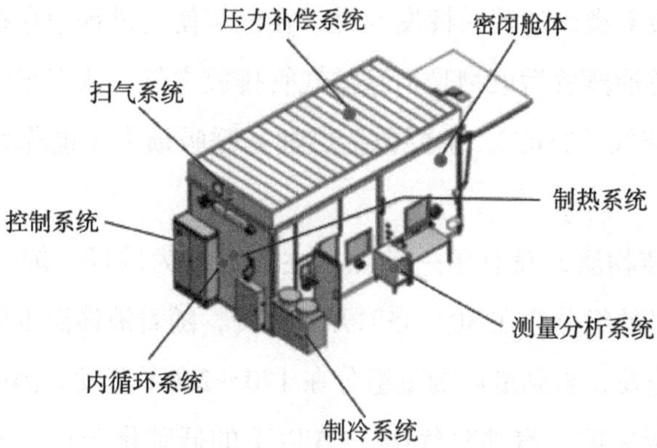

图 1.2　燃油蒸发密闭室测试系统

表 1.1　燃油蒸发污染物排放试验测试设备

序号	设备名称	用途
1	燃油蒸发密闭室	模拟昼夜温差，为热浸试验和昼夜试验提供测试环境
2	碳氢分析仪	测量燃油蒸发密闭室内污染物浓度
3	炭罐预处理系统	试验炭罐加载和脱附
4	加油小车	提供特定温度和流量的燃油加注
5	饱和蒸气压测试仪	试验燃油蒸气压测量
6	底盘测功机	车辆在底盘测功机上运行预处理循环
7	浸车间	常温浸车

除上述设备外，在燃油蒸发污染物排放试验开始前通常还使用检漏仪对车辆的燃油蒸发污染物排放控制系统进行泄漏检测。

1.4　轻型汽车燃油蒸发污染物排放及其控制技术

1.4.1　燃油蒸发排放及其产生机理

1.4.1.1　燃油蒸发污染物

汽车燃料系统（包括油箱、油泵、油滤、炭罐、电磁阀和油管等）并非完全密封，汽油或醇类汽油等易挥发性燃料在汽车使用过程中存在挥发、泄漏或渗透等问题。燃油蒸发污染物是指除排气管排放之外，从汽车的燃料系统损失的碳氢化合物蒸气（THC），主要包括燃油箱呼吸损失（也称为换气损失）和热浸损失。

汽油不是纯物质，没有单一沸点，主要成分为烷烃、烯烃、环烷烃和芳烃。汽油中较轻的组分会在30～35℃开始沸腾，随着液体温度的升高，越来越多的组分会被蒸发，直到最后的重组分在170～200℃蒸发。国内汽油蒸气的源成分谱解析结果表明：汽油蒸气中，C5以下的低碳化合物所占比例较大，而液体汽油中则是以C6以上的化合物为主。汽油蒸气中异戊烷占有相当比例。

1.4.1.2 不同车辆运行状态的燃油蒸发污染物排放来源

汽车燃油蒸发污染物排放可分为热浸损失、昼夜损失和运行损失三部分。除燃油蒸发污染物排放外，汽车在燃油加注过程中也会产生大量的碳氢化合物蒸气，这部分称为加油损失排放。

（1）热浸损失

热浸损失是指汽车行驶一段时间后，静置汽车燃料系统排放出碳氢化合物的过程。汽车停止运行后，发动机的冷却系统随之停止工作，发动机和排管的残余热量仍会传递到油箱附近区域，使油箱及燃油温度升高，从而引起燃油蒸发污染物的排放。热浸排放过程一般发生在汽车停止运行1 h以内或者更短的时间。燃料系统挥发的污染物包括从进气系统反向排入大气的部分、炭罐空气口漏出部分、燃料系统渗透或泄漏部分以及汽车背景污染物等。其中，进气系统反向排入大气是热浸损失的主要来源，但随着燃油喷射系统的技术迭代，该部分污染物排放已有明显改善。国内外的研究表明，热浸损失排放占燃油蒸发污染物总排放的比例不超过20%。

在汽车使用化油器的时代，发动机利用吸入空气流的动能实现汽油雾化。汽车停止行驶后，大量未燃汽油滞留在化油器中，油气顺着进气管路经空滤排入大气。电子控制喷油器替代化油器后，燃油喷射在进气歧管处，与空气混合均匀后进入汽缸参与燃烧。汽车停止行驶后，节气门关闭但并未完全密封（保证怠速进气需要），进气歧管残留的油气仍能顺着进气管路排入大气中，但污染物总量已大幅减少。随着缸内直喷技术的运用，燃油被直接喷射入汽缸混合燃烧。发动机停止运行后，进气阀关闭，经进气系统排入大气的燃油蒸发污染物进一步得到改善。

（2）昼夜损失

昼夜损失是由于昼夜温度变化导致燃油箱呼吸造成的污染物排放，也称为换气损失。当汽车静置时，由于昼夜环境温度的变化，油箱内温度会随着环境温度的升高而逐渐升高，油箱内燃油蒸气量增大，油箱内气压逐渐升高，燃油蒸气经油箱排气管路进入炭罐，当燃油蒸气的产生量大于炭罐吸附能力时，燃油蒸气会通过炭罐通气口排放到外界环境中；当燃油箱内温度随着环境温度降低时，油箱内部气压降低，外界气体经由炭罐被吸入油箱内部，将炭罐内吸附的燃油蒸气吹回油箱，在此过程中气体对炭罐进行反向脱附。油箱内燃油蒸气向外排出和外界空气进入的整个过程称为油箱的昼夜换气损失。

（3）运行损失

运行损失是指汽车在运行过程中，燃料系统产生碳氢化合物排放的过程。发动机启动后，油箱内的供油泵将燃油通过供油管输送至发动机，而供油泵运转过程中会产生一定热量，且供油泵浸泡在油箱内部，靠燃油进行冷却。因此，油箱内的燃油温度会随着燃油泵的运行而升高。在燃油供给系统供给发动机燃油的过程中，一部分多余的燃油会通过回油管流回至油箱中，使油箱内燃油整体温度升高。同时，发动机、排气管以及炎热的路面产生的热辐射，同样会使油箱内燃油温度升高，导致燃油蒸发污染物排放量增大。此外，汽车运行时的颠簸使油箱内燃油产生扰动而加快燃油蒸气产生速率，从而产生更多的燃油蒸发污染物排放。

（4）加油损失排放

加油损失排放是指汽车在加油过程中产生碳氢化合物排放或泄漏的过程。在汽车加油前，油箱内部气压较大，当打开油箱加油盖时，油箱内燃油蒸气会通过加油口扩散到外界。当加油枪向加油管注入燃油时，流入油箱内的燃油会在油箱内造成一定的飞溅和扰动，从而产生大量的燃油蒸气。此时，部分燃油蒸气从加油口逃逸到外界环境中，而加油过程中大量的新鲜空气从加油口被裹入油箱中，降低了油箱内燃油的蒸气浓度，加剧了燃油的蒸发。随着燃油的注入，油箱内气体空间逐渐被压缩，油箱内的气压逐渐升高，气体经由排气管路进入炭罐，最终通过炭罐通气口排放到外界环境中，从而形成加油过程中的燃油蒸发污染物排放。

1.4.2 燃油蒸发污染物对环境和健康的影响

VOCs 一般是指在常温常压下饱和蒸气压大于 70 kPa、沸点低于 260℃的有机化合物的总称，主要包括脂肪烃、芳香烃、含卤烃类、含氧烃类、含氮烃类和含硫烃类等。VOCs 对大气的氧化能力、二次有机污染形成有重要影响。燃油蒸气是 VOCs 的重要来源。VOCs 与 NO_x 等一次污染物在光照作用下会发生化学反应，生成 O_3、醛、酮、酸和过氧乙酰硝酸酯（PAN）等二次污染物，而 O_3 又对 $PM_{2.5}$ 的形成具有重要促进作用。北京市大气 VOCs 中大约仅占 15% 的烯烃化合物提供了大约 75% 的大气化学活性，大气中烯烃主要来源于汽车尾气和汽油挥发的燃油油气。因此，控制 VOCs、O_3 和 $PM_{2.5}$ 排放是我国当前大气污染防治的重点，控制汽车燃油系统蒸发污染物排放是实现空气质量持续改善的重要工作。

汽车的燃油蒸发污染物还会直接危害人体健康。人吸入油气蒸气会引起不同程度的中毒，对呼吸系统、神经中枢系统影响较大，蒸气中的芳香烃成分还会破坏造血系统。油气直接进入呼吸道后，会引起呼吸道刺激症状，严重的可出现呼吸困难、寒战发热、支气管炎、肺炎甚至水肿，伴渗出性胸膜炎等。油气还会破坏神经中枢系统，轻度中毒可出现头昏、乏力、恶心等轻度麻醉症状和流泪、咳嗽、眼结膜充血等黏膜刺激症状。其慢性中毒主要表现为神经衰弱综合征、多发性周围神经炎。重度急性中毒可出现昏迷、四肢强直、发作性痉挛，少数患者发生脑水肿或中枢高热，严重者直至死亡。

1.4.3 燃油蒸发污染物控制技术

汽油车的燃油蒸发污染物控制系统分为三大类，分别为整体控制系统、非整体控制系统和非整体仅控制加油排放的炭罐系统。

（1）整体控制系统

整体控制系统是指使用同一套硬件（炭罐、脱附阀、吸脱附管路）同时控制加油排放和昼夜换气排放（图 1.3）。

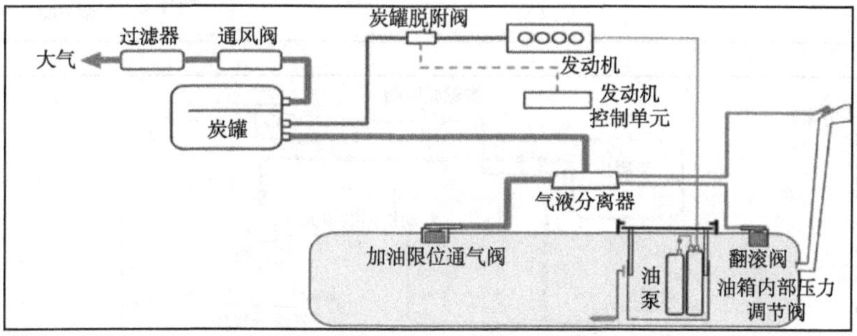

图 1.3 整体燃油蒸发污染物控制系统

（2）非整体控制系统

非整体控制系统是指使用不同的系统控制加油排放和昼夜换气排放，通常是不同的炭罐，不同车型可能使用其他相同的硬件（如脱附阀、吸脱附管路等）。非整体控制系统有两种技术路线，一是两套炭罐以并联的方式连接，各自进行吸脱附，主要用于脱附流量较低的小排量车辆；二是两套炭罐以串联的方式连接，主要用于部分布置空间不足的紧凑型车辆（图 1.4）。非整体控制系统目前在国内运用较少。

（3）非整体仅控制加油排放的炭罐系统（NIRCO）

非整体仅控制加油排放的炭罐系统是非整体控制系统的一种，其炭罐设计的主要目的是吸附加油时产生的油气，其他非加油过程产生的油气均存储在油箱或排放到发动机燃烧而不是存储在该炭罐中（图 1.5）。非整体仅控制加油排放的炭罐系统目前主要用于插电混合动力电动汽车上，即所谓的高压油箱系统。

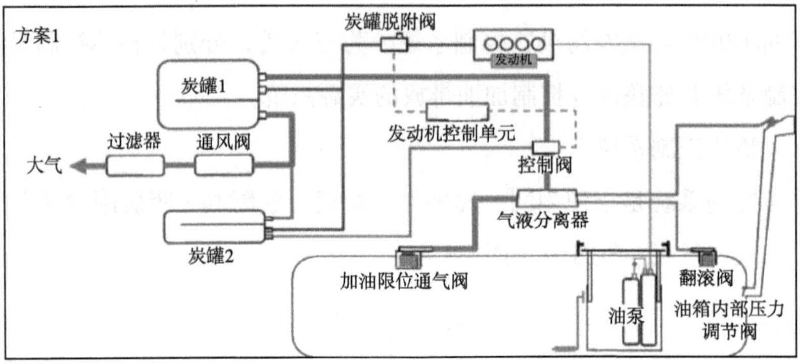

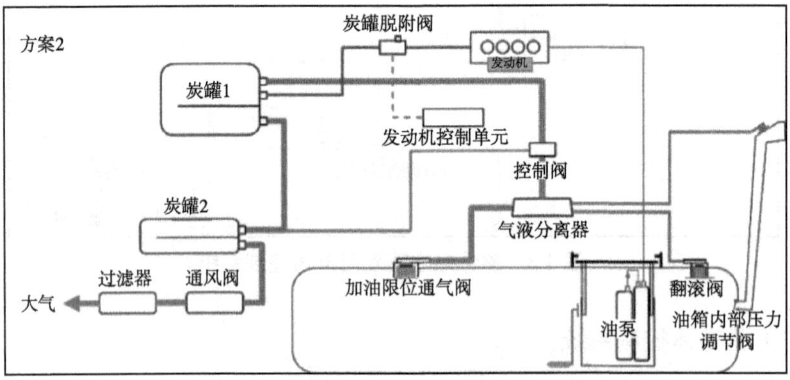

图 1.4　非整体燃油蒸发污染物控制系统

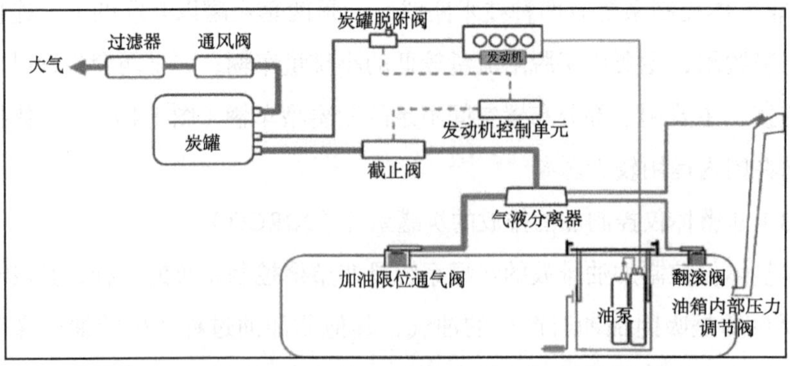

图 1.5　非整体仅控制加油排放的燃油蒸发污染物控制系统

1.5　轻型汽车燃油蒸发污染物排放比对试验

在减污降碳协同控制的总体要求下，轻型汽车燃油蒸发 HC 排放已成为 VOCs 总量控制的关键环节。随着我国机动车保有量持续增长，加强单车燃油蒸发污染物排放控制至关重要。为强化源头控制，2016 年，环境保护部与国家质量监督检验检疫总局发布了《轻型汽车污染物排放限值及测量方法（中国第六阶段）》（GB 18352.6—2016）。2023 年，生态环境部等部委发布了《关于实施汽车国六排放标准有关事宜的公告》：自 2023 年 7 月 1 日起，全国范围全面实施国六排放标准 6b 阶段，禁止生产、进口、销售不符合国六排放标准 6b 阶段的汽车。

因国六标准本身测试的复杂性，生态环境主管部门于 2018 年发布了国六标准实施细则，用于明确测试要求、规范测试流程，并于 2019 年 8 月对细则进行了更新。与国五标准相比，国六标准在燃油蒸发污染物排放的测试循环、测试方法和污染物限值等方面均做了重大调整，实施细则虽然对测试方法做了明确，但测试标准的复杂性容易造成理解上的差异，进而导致实验操作方法的不同。此外，轻型汽车燃油蒸发污染物排放检测本身的影响因素较多，包括检验操作人员、环境条件、基准燃油和标准气体、检测设备和设备校准等多个方面。不同检测机构在人员、资质、设备、场地以及试验操作方法等方面存在差异，可能导致同一台试验样车在不同检测机构的检测结果存在较大差异。开展比对试验有助于加强对轻型汽车国六排放检验的理解，减少本机构同其他机构在检测流程及要求方面的差异，提升实验室的试验水平和检测信心，从而缩小实验室间的测试差异，提升实验室管理水平，增强检测机构作为第三方的公信力，更好地开展新生产轻型汽车检验检测工作。

相较于尾气排放试验，燃油蒸发污染物排放试验周期长、影响因素多、比对难度大。截至目前，国内尚未有效开展实验室间燃油蒸发污染物排放比对试验，也缺乏相关指导性文件。为填补行业内轻型汽车国六燃油蒸发污染物排放试验能力比对规范的空白，提升检测机构间国六排放检测的一致性水平，在调研国内外轻型汽车燃油蒸发污染物排放检测能力比对的相关规范指南以及调研国内环保联网检测机构比对需求的基础上，研究制定了轻型汽车国六燃油蒸发污染物排放实验室间比对的方案、要求及结果评价方法等，并最终形成轻型汽车国六燃油蒸发污染物排放比对指南文件，为提升轻型汽车国六燃油蒸发污染物排放检测水平和组织行业内的比对及能力验证活动奠定基础。

1.5.1 过往比对试验概述

随着国家对机动车安全性能和环保的要求越来越高，加强对机动车安全技术检验和污染排放管控显得愈加重要。根据《实验室资质认定评审准则》的要求及《机动车安全技术检验机构监督管理办法》（国家质检总局第 121 号令）的规定，相关单位需定期开展机动车检验检测机构计量比对活动，以加强对机动车检测机构的监督管理，保证机动车检验检测机构检测数据的一致性、准确性和可靠性，提高机动车检验检测机构的检验能力水平。

比对是以实验室间比对的形式展开，指在规定的条件下，对相同准确度等级或指定不确定度范围的同类型测试设备复现的量值之间比较的过程。比对工作需要由组织者发起，借助实施者的主导实验室，采用一定的比对技术路线对参比实验室逐个比对，按照评定模型对采集的数据进行分析汇总。

2022—2024 年，国家市场监督管理总局、国家认证认可监督管理委员会汽车及部件专家组、机械工业联合会、国家认证认可监督管理委员会、中汽研汽车检验中心（天津）有限公司、招商局检测车辆技术研究院有限公司、江淮汽车等 38 家单位组织开展了机动车和非道路移动机械污染物排放相关的试验比对工作。中汽研汽车检验中心（天津）有限公司、招商局检测车辆技术研究院有限公司等 10 余家国内主要的新车检测检验机构参加了比对试验，涉及的项目如表 1.2 所示。

表 1.2 比对试验测试项目

轻型车	重型车	非道路移动机械
常温排放（国六Ⅰ型）	整车道路排放（PEMS）	柴油机排放（NRSC①、NRTC②）
道路排放（RDE）	整车转股排放	柴油机功率和燃油消耗
燃油蒸发系统试验（国六Ⅳ型）	—	—
加油污染物排放（国六Ⅶ型）	发动机冷、热态 WHTC③排放	—
贵金属含量	燃气机冷、热态 WHTC 排放	—
甲醇含量比对试验	发动机功率	—
车内空气中氧、一氧化碳、二氧化碳含量	整车 CHTC④燃料消耗	—
挥发性有机物和醛酮类物质检测	整车转毂燃料消耗	—
轻型汽车燃料消耗	—	—
混合动力汽车燃料消耗	—	—
电动车能量消耗和续航里程	—	—

注：①非道路移动机械稳态测试循环（Non-Road machinery Steady-state Test Cycle，NRSC）；
②非道路移动机械瞬态测试循环（Non-Road machinery Transient Test Cycle，NRTC）；
③发动机瞬态测试循环（world Harmonised Transient Cycle，WHTC）；
④中国重型商用车测试工况（China Heavy-duty Commercial Vehicle Test Cycle，CHTC）。

欧美发达国家的生态环境保护主管部门也就污染物排放的测量在实验室间组织比对活动。EPA 每年都组织不同实验室间的 $PM_{2.5}$ 比对测量。EPA 下属的空气质量规划和标准办公室（OAQPS）实验室定期组织选定的 EPA 和美国国家实验室进行比对试验，以确保对 $PM_{2.5}$ 测量的准确度。作为比对工作的参考实验室，OAQPS 为每个选定的实验室提供性能测试（PT）样品，并在 $PM_{2.5}$ 采样前后使用微天平确定利用特氟隆®采集过滤器捕获的颗粒物质量。为了精确测量微克水平的颗粒质量，OAQPS 规定了微天平的使用环境和操作流程。在 EPA 网站上可以查询历年比对试验的相关信息。

在车辆排放测试方面，EPA 有两个专家工作组，专门负责研究和协调与机动车排放相关的技术问题，包括各个实验室的质量体系建设等。实验室之间比对试验在一年间循环地、连续地在各个实验室间进行。EPA 的排放实验室作为标准实验室被称为“黄金标准”（Golden Standard）。

此外，EPA 还联合加州空气资源委员会（California Air Resources Board，CARB）等组织开展实验室间的排气污染物比对测试。参加测试的实验室不局限于北美地区，一些亚洲地区的实验室也受邀参加。比对活动的组织情况和结果在 EPA 的网站上可以查询。

欧盟也有实验室间比对的管理机制，以确保实验室提供的检验结果的准确性，这类活动通常是在国际测量评估项目（International Measurement Evaluation Programme，IMEP）下进行的。比对试验的内容可分为两类，一类是能力验证（Proficiency Testing）；另一类是试验分析方法研究（Collaborative Method Validation Study），只有通过最严格测试的方法才能被欧洲标准化委员会（European Committee for Standardization，CEN）和国际标准化组织（International Organization for Standardization，ISO）认可。

参与欧盟官方组织的比对试验的实验室需要提供能力证明，通过欧盟联合认证委员会（European Co-operation for Accreditation，EA）认证的实验室可以优先使用标准化的方法进行试验，以证明他们有足够的能力为客户服务，同时确保试验结果在参与比对的实验室之间具有可比性，以及在此基础上的互认性。EA 也负责对试验结果进行评估，参与比对的实验室需要对反映出的薄弱环节进行整改。

在空气质量监控领域，由欧洲空气污染参考实验室（European Reference Laboratory for Air Pollution，ERLAP）按欧洲空气质量指令（European Air Quality Directives）的相关要求组织比对试验，测试的项目包含有机气态污染物、非有机气态污染物和颗粒物排放。比对试验的参与方是各国的国家空气质量参考实验室（National Air Quality Reference Laboratories of the AQUILA Network）。如果条件允许，其他实验室也可参与。

为了减少各实验室间试验结果的差异，排放实验室与欧洲各认证机构和制造商共同采取的主要措施是定期进行实验室之间的比对，这项工作已经开展了 20 多年，成为排放实验室每年必须进行的工作，被称为“循环轮转测试”（Round Robin Testing Programs）。其组织形式有多种：认证机构的实验室之间、认证机构与制造商实验室之间、制造商内部各实验室之间的比对。各实验室通过比对试验活动，进而对标准有了共同的理解，规范了操作规程，提升了试验人员的技术素质，保证实验室间试验结果的一致性。

1.5.2　比对试验类型

1.5.2.1　人员比对

人员比对试验是指在相同的环境条件下，采用相同的检测方法、相同的检测设备和设施，由不同的检测人员对同一样品进行检测的试验。人员比对优先适用于以下情况：依靠检测人员主观判断较多的项目；在培员工和新上岗的员工；检测过程的关键控制点或关键控制环节；操作难度大的项目或者样品；检测结果在临界值附近；新安装的设备；新开验的检测项目。

1.5.2.2　方法比对

方法比对试验是指在相同环境条件、由相同的人员采用不同的检测方法对同一样品进行的检测。方法比对优先适用于以下情况：刚实施的新标准或者新方法；引进的新技术、新方法和研制的新方法；已有的具有多个检验标准或方法的项目。

1.5.2.3　仪器比对

仪器比对试验是指在相同的环境条件下，采用相同的方法，由相同的检测人员采用不同的仪器设备对同一样品进行检测的试验。设备比对试验优先适用于以下情况：新安装的设备；修复后的设备；检测结果出现在临界值附近的设备。

1.5.2.4 留样再测

留样再测是指在尽可能相同的环境条件下，采用相同的检测方法、相同的检测设备和设施，由相同的检测人员对已完成检测的样品在其留样保存期间进行再次检测的试验。留样再测可在下列情况采用：验证检测结果的准确性；验证检测结果的重复性；对留存样品特性的监控。

1.5.2.5 其他形式

实验室比对试验还有其他形式，实验室影响检测结果的因素有很多，不同的因素对应不同的比对形式，通常采用单因素比对试验，即一次比对试验只考察一个主要的试验因素，例如，不同实验室的温湿度条件比对，不同批次或不同品牌的试剂、耗材、器具比对。

第2章

比对范围/术语和定义

2.1 范围

本指南适用于同生态环境主管部门指定的机动车污染物排放监控系统进行了监控联网的国家级检测中心开展国六阶段轻型汽车燃油蒸发污染物排放试验比对工作，其他实验室可参考本指南开展相关工作。开展比对试验旨在促进各实验室间检测工作交流，提高实验室燃油蒸发污染物排放检测技术水平，评估各实验室轻型国六整车燃油蒸发污染物排放检测能力，确定实验室对特定检测或测量的能力并监测其持续能力，识别实验室存在的问题并采取纠正措施，确定新型检测方法的有效性和可比性，确保各实验室轻型国六整车燃油蒸发污染物检测结果的有效性和一致性，推动国六排放标准实施，增强行业主管部门和汽车生产企业对实验室的信任。

2.2 术语和定义

《能力验证规则》（CNAS-RLO2：2023）、《合格评定 能力验证提供者能力的通用要求》（GB/T 27043—2025）、《利用实验室间比对进行能力验证的统计方法》（GB/T 28043—2019）、《合格评定 词汇和通用原则》（GB/T 27000—2023）、《国际计量学词汇—基础和通用概念及相关术语》（ISO/IEC Guide 99：2007）中的术语和定义适用于本指南。此外，本指南还采用下列术语和定义。

2.2.1 实验室间比对（inter laboratory comparison）

实验室间比对是指按照预先规定的条件，由两个或多个实验室对相同或类似物品进行测量或检测的组织、实施和评价活动。

2.2.2 能力验证（proficiency testing）

能力验证是指利用实验室间比对按照预先制定的准则评价参加者能力。

在本指南中，术语“能力验证”具有极为广泛的含义，包括但不限于以下类型。

（1）定量计划（quantitative scheme）

该类计划要求确定能力验证物品的一个或多个被测量的量。

（2）定性计划（qualitative scheme）

该类计划要求对能力验证物品的一个或多个特性进行鉴别或描述。

（3）顺序计划（sequential scheme）

该类计划将检测或测量的一个或多个能力验证物品按顺序分发给参比单位进行检测或测量，并按期返回能力验证提供者。

（4）同步计划（simultaneous scheme）

该类计划同步分发能力验证物品给参比单位，在规定期限内同时进行检测或测量。

（5）单次计划（single occasion exercise）

该类计划中，为单个需求提供能力验证物品。

（6）连续计划（continuous scheme）

该类计划中，按规定间隔提供能力验证物品。

（7）抽样（sampling）

该类计划中，为后续的分析抽取样品。

（8）数据转换和解释（data transformation and interpretation）

该类计划中，提供成组的数据或其他信息，要求对信息进行处理以给出解释（或其他结论）。

2.2.3 指定值（assigned value）

指定值是指对能力验证物品的特定性质赋值。

2.2.4 能力评定标准差（standard deviation for proficiency assessment）

能力评定标准差是用于评价能力验证结果分散性的度量。

标准差只适用于验证比例尺度和定距的结果。

并非所有的能力验证都根据结果分散性进行评价。

2.2.5 比分数（z-score）

比分数是由能力验证的指定值和能力评定标准差计算的实验室偏倚的标准化度量。

z 比分数有时也称为 z 值或 z 分数。

2.2.6 离群值（outlier）

离群值是一组数据中被认为与该组其他数据不一致的观测值。

离群值可能来源于不同的样品，或缘于不正确的记录或其他粗大误差结果。

2.2.7 稳健统计方法（robust statistical method）

稳健统计方法是对给定概率模型假定条件的微小偏离不敏感的统计方法。

2.2.8 测量审核（measurement audit）

测量审核是一种参加者对被测物品（材料或制品）进行实际测试，将测试结果与参考值进行比较的活动。

测量审核是对一种参加者进行“一对一”能力评价的验证计划。

2.2.9 协调者（coordinator）

协调者是指负责组织和管理能力比对计划运作中所有活动的一人或多人。

2.2.10 客户（customer）

客户是指通过合同性协议获得能力比对计划的组织或个人。

2.2.11 参加者（participant）

参加者是指接受能力比对物品并提交结果以供能力验证提供者评价的实验

室、组织或个人。

在某些情况下，参加者可以是检查机构。

2.2.12 分包方（subcontractor）

分包方是指能力验证提供者所用的，从事本指南中规定活动并影响能力验证计划质量的组织或个人。

分包方包括许多能力验证提供者所称的合作方。

2.2.13 能力验证项目（proficiency testing item）

能力验证项目是指用于能力验证的样品、产品、人工制品、标准物质 / 标准样品、设备部件、测量标准、数据组或其他信息。

2.2.14 能力验证提供者（proficiency testing provider）

能力验证提供者是指对能力验证计划建立和运作中所有任务承担责任的组织。

2.2.15 能力验证轮次（proficiency testing round）

能力验证轮次是指向参加者发放能力验证物品、评价和报告结果的单个完整流程。

2.2.16 能力验证计划（proficiency testing scheme）

能力验证计划是指在检测、测量、校准或检查的某个特定领域，设计和运作的一轮或多轮能力验证。

一项能力验证计划可以包含一种或多种特定类型的检测、校准或检查。

2.2.17 计量溯源性（metrological traceability）

计量溯源性是指通过一条形成文件的、具有规定测量不确定度且不间断的校准链，使测量结果与参考标准联系起来的特性。

（1）参考标准可以是通过实际复现的某个测量单位的定义，或是包括非序量测量单位的一个测量程序，或是一个测量标准。

（2）计量溯源性要求建立校准等级图。

（3）参考标准的技术要求中必须包括利用参考标准建立校准等级图的时间，以及有关该参考标准的其他计量信息（例如在校准等级图中首次进行校准的时间）。

（4）对于测量模型中含有一个以上输入量的测量，其每个输入量值在计量上应能溯源，相关的校准等级图可以形成支叉结构或网络状。每个输入量值在计量溯源中的工作量，应与该量值对测量结果的贡献相对应。

（5）测量结果的计量溯源性不能保证测量的不确定度适用于某个特定的目的，或不存在差错。

（6）如果将比对用于核查，则两个测量标准之间的比对可以视为校准，必要时，可对测量标准之一的量值和测量不确定度进行修正。

（7）国际实验室认可合作组织（International Laboratory Accreditation Cooperation，ILAC）认为，确认计量溯源性的要素有：与国际测量标准或国家测量标准相联系的一条不间断的计量溯源链；形成文件的测量不确定度；形成文件的测量程序；认可的技术能力；对国际单位制（SI）的计量溯源性；校准的间隔（见 ILAC P-10：2002）。

（8）术语“溯源性”既可表示“计量溯源性”，有时也可表示其他概念，如“样品溯源性”“文件溯源性”“材料溯源性”，这些都代表了一件物品的历史（溯源）。所以，如有产生混淆的风险时，最好采用术语的全称“计量溯源性”。

2.2.18　测量不确定度（measurement uncertainty/uncertainty of measurement）

不确定度（uncertainty）是指根据所用到的信息，表征赋予被测量的量值分散性的非负参数。

（1）测量不确定度包括源自系统影响的不确定度分量，诸如与修正值和测量标准指定量值相伴随的不确定度分量，以及定义的不确定度。有时并不修正估计的系统影响，取而代之的是将系统影响与伴随的测量不确定度结合在一起。

（2）参数可以是称为标准测量不确定度的标准差（或其特定的倍数），或是具有规定包含因子概率的半宽区间。

（3）测量不确定度通常包含多个分量，其中一些分量可根据系列测量的量值的统计分布，采用A类不确定度评定进行评估，并用标准差表征。其他分量则采用B类不确定度评定，由基于经验或其他信息的概率密度函数进行评估，也可用标准差表征。

（4）通常，对于给出的一组信息，测量不确定度应伴随被测量所宣称的量值，该值的改变也会造成与其相伴的不确定度的改变。

第3章

实验室间比对组织

3.1　比对试验目标

3.1.1　比对目的

实验室能力比对，是通过实验室间检测结果的比对来评价实验室能力的活动，是国际通行的评价实验室技术能力的一种重要手段，也是实验室内部质量控制的补充。通过比对试验可以对实验室自身的检测能力和工作质量作出评价，发现参比实验室技术能力的总体水平及实验室之间的差异，提升各实验室检测结果的一致性水平；同时可以发现实验室在检测中存在的问题，并提出纠正措施和改进方法，对增强参比实验室检测技术能力、改善参比实验室的质量管理均产生积极作用。组织和参加比对试验通常可以达到以下目的。

（1）评定实验室从事特定检测或测量的能力及监视试验过程的持续能力。

（2）识别实验室存在的问题并采取改进措施，这些问题可能与不适当的检测或测量程序、人员培训和监督的有效性、设备的准确性等因素有关。

（3）确认检测或测量方法的有效性和可比性。

（4）增加实验室用户的信心。

（5）识别实验室间的差异。

（6）根据比对的结果，帮助实验室提高能力。

（7）确认实验室声称的不确定度。

（8）评估某种方法的性能特征（通常被称为协作试验）。

（9）用于标准物质 / 标准样品的赋值，以及评定其应用于特定检测或测量程序时的适用性。

（10）支持由国际计量局（BIPM）及其相关区域计量组织，通过“关键比对”及辅助比对所达成的各国家计量部门间测量等效的声明。

轻型汽车燃油蒸发污染物排放比对试验一般采用固定的同一批试验样车，在同等条件下（包括实验室环境条件、测试边界条件和同批次标准物质）进行，活动的主要目的是调查各参比实验室开展轻型汽车燃油蒸发排放试验的检测质量。通过比较各实验室的检测数据，识别参比实验室的测量偏差，以此为基础评估各实验室测试的准确性，并针对试验过程中发现的问题采取相应的整改措施，最终使各参比实验室对轻型汽车燃油蒸发污染物排放的测量结果的正确度与精密度趋于一致，并达成以下目标。

（1）科学组织和实施实验室燃油蒸发污染物排放试验能力比对，控制并减少样品、人员、设备、试验方法、环境等因素的影响，识别参比轻型汽车实验室燃油蒸发污染物排放测量偏差。

（2）促进各轻型汽车实验室燃油蒸发污染物排放测试操作人员对标准的理解和实施达成一致。

（3）评估参比轻型汽车实验室燃油蒸发污染物排放试验设备和能力。

（4）加强参比轻型汽车实验室燃油蒸发污染物排放测试操作人员间的技术交流，减少不同实验室在轻型汽车燃油蒸发污染物排放试验工作上的差异。

（5）提高参比轻型汽车实验室的试验水平，提升各实验室检验结果的一致性，降低实验室试验结果的离散度。

3.1.2　比对范围

轻型汽车燃油蒸发污染物排放实验室比对组织单位在开展比对试验前应明确实验室比对活动的参与范围，推荐具有中国计量认证（CMA）资质以及与生态环境部门视频联网的实验室参加，也可以包括但不限于其他具有相应资质和能力的第三方独立实验室，或其他参与比对的第一方实验室、第二方实验室。

3.1.3　比对项目

轻型汽车燃油蒸发污染物排放实验室比对组织单位根据各实验室的能力以及比对目的确定比对项目，可以组织实施针对某一标准或一系列标准的实验室能力的比对项目，也可以组织实施针对特定试验能力的比对项目。

3.2　参比实验室要求

3.2.1　实验室基本要求

3.2.1.1　实验室管理

各参比实验室的质量管理体系须持续符合《检测和校准实验室能力认可准则》（CNAS-CL01：2018）和《检测和校准实验室能力认可准则在汽车和摩托车检测领域的应用说明》（CNAS-CL01-A005：2020）的要求。实验室运行须满足 CNAS-CL01：2018 相关质量管理体系的要求。

3.2.1.2　检测人员

各参比实验室参与能力比对验证的人员应满足以下要求：能够熟练操作燃油蒸发污染物排放试验涉及的底盘测功机、燃油蒸发污染物测量用密闭室和分析设备，熟悉相关排放标准和试验方法，熟悉试验样车的产品特性。

3.2.1.3　检测设备

各参比实验室应拥有以下检测设备：底盘测功机、燃油蒸发污染物排放测量用密闭室、燃油蒸发污染物排放测试分析系统（包括碳氢化合物分析仪、碳氢化合物分析仪用数据记录系统）、温度和压力记录系统、风扇等试验用设备。

3.2.1.4　检测环境

燃油蒸发污染物排放测量用密闭室温度要求为

①温度控制系统精度要求试验期间密闭室内温度随规定的温度—时间曲线变化的误差为 ±1℃；

②昼夜换气试验期间，密闭室内表面温度应高于 5℃，低于 55℃；

③热浸试验期间，密闭室内表面温度应高于 20℃，低于 52℃。

燃油蒸发污染物排放测量用密闭室压力要求为

①对可变容积密闭室，密闭室内压力与大气压间的压差应在 ±500 Pa 以内；

②对定容积密闭室，密闭室内压力与大气压间的压差应在 -500～0 Pa。

浸车间温度要求为

①常温浸车时温度为（23±3）℃；

②高温浸车时温度为（38±2）℃。

试验用油温度要求为

①采用整体和非整体系统的车辆，试验时应控制在（18±8）℃；

②采用非整体仅控制加油排放的炭罐系统的车辆，试验时应控制在（24±2）℃。

3.2.2 实验室分布

轻型汽车燃油蒸发污染物排放实验室比对组织者应考虑参比实验室的地域分布，选择位于不同地区或国家的实验室参与比对，以增加比对结果的代表性。

3.2.3 实验室数量

轻型汽车燃油蒸发污染物排放实验室比对组织者应根据开展比对试验的目的和资源，确定参与比对的实验室数量。参比实验室数量会影响试验结果统计方法的选择，因此参比实验室数量不宜过少。由于燃油蒸发污染物排放试验持续时间较长，参比实验室过多会导致整个比对活动持续时间过长，应合理选择参比实验室的数量。

3.3 比对计划制订

3.3.1 确定比对时间

燃油蒸发污染物排放试验包含炭罐预处理、车辆预处理、高温浸车、高温测试循环、热浸损失测定和昼夜换气损失测定等环节，试验持续时间较长，因此比对试验组织者应在考虑参比实验室数量、参比实验室的试验能力、试验样车运输周期、样车数量和试验重复次数等因素后，制定合理的比对试验周期。

3.3.2　任务与职责

3.3.2.1　组织单位

组织单位主要负责比对任务下达、比对过程监督、比对结果收集以及比对报告的审核等工作。

3.3.2.2　牵头单位

牵头单位由组织单位指定，负责制订比对试验实施细则和计划，负责整个比对工作中的试验安排、样品流转、试验周期制定、试验开展顺序调整、试验结果统计等工作，阶段性向组织单位汇报工作进展等。在牵头单位进行试验样车的稳定性试验的实验室称为参考实验室。

3.3.2.3　实施单位

实施单位为参与比对工作的其他实验室，各参与机构需严格按照比对试验作业指导书开展比对工作，同时需设定协调联络人负责样品流转及试验进度等事务沟通。

3.3.2.4　专家组

为保证轻型汽车燃油蒸发污染物排放实验室比对工作的技术准确性和规范性，需要成立测试技术专家组和统计专家组。专家组通常由各参加单位推荐的对实验室比对有丰富管理经验和对轻型汽车燃油蒸发污染物排放检测有较高水平的技术人员组成。

测试技术专家负责对参与机构的试验方法和试验流程进行指导，并对整个比对过程的规范性和技术性问题进行评估和解释。比对过程中产生的技术问题由技术专家组讨论并作出解释。技术专家组成员不得参与和干预比对试验操作人员的检测工作，并应在所属单位开展比对试验过程中回避。

统计专家负责制订比对活动的数据统计和评价方案，并对最终的评价结果的合理性进行评估。

3.3.2.5 协作关系

比对工作的组织与分工架构如图 3.1 所示。组织单位统筹整个比对工作，牵头单位负责整个比对工作的组织与实施。先导实验室（参考实验室）一方面参与比对，另一方面负责样车的稳定性和一致性评估工作。实施单位参与比对试验的开展。专家组在整个比对过程中进行技术指导，应急组负责应急方案的制订和实施。

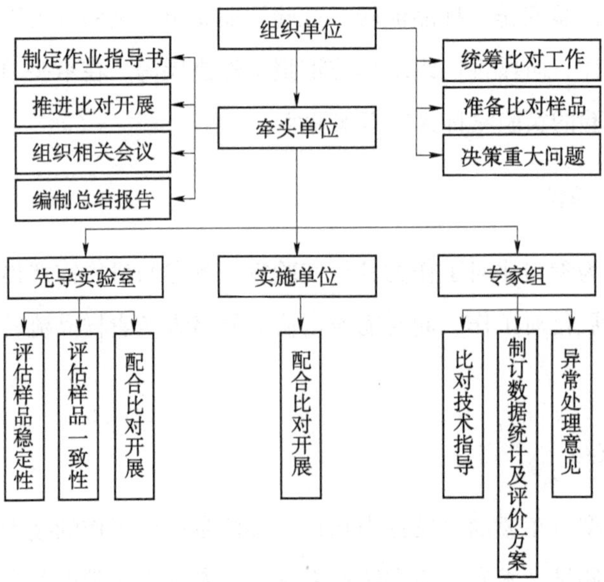

图 3.1　比对工作的组织与分工架构

3.3.3 确定样车与试验方法

组织单位负责与样车生产企业沟通，确定比对样车。样车生产企业需提供完成磨合且性能稳定的比对样车。样车的磨合也可由牵头单位负责实施。

试验方法是组织开展比对试验的核心内容，直接影响试验结果的准确性和可靠性。确定试验方法时应优先选择国家标准、行业标准或国际公认的检测方法，对新的或未经验证的试验方法，应进行充分验证和评估。对于非标准方法可根据实际情况和需求，对其进行必要的改进和优化。组织单位、牵头单位、实施单位会同专家组共同商议，然后确定比对试验方法。

3.3.4 制定数据处理与评估方法

数据处理与评估方法对燃油蒸发污染物排放比对试验中出现的异常结果的处理至关重要，涉及如何收集、整理、分析和解释试验数据，以便准确评估实验室燃油蒸发污染物排放试验能力，并识别出潜在问题。数据处理与评估方法详见本指南第 5 章，也可参考相关规程指南。

3.4 实施流程

比对试验按照图 3.2 所示流程进行，首先组建领导小组，并由领导小组指定先导实验室。然后制定比对试验的详细作业指导书。选定试验样车后由先导实验室根据比对作业指导书进行样品稳定性测试，如果样品稳定性符合要求，则可以流转到其他参比实验室开展试验。其他实验室在测试过程中如发现样品出现异常，应查明原因，如有必要应将试验样车返回先导实验室重新进行样品稳定性测试。所有测试结束后，将结果反馈给组织单位进行统计汇总。

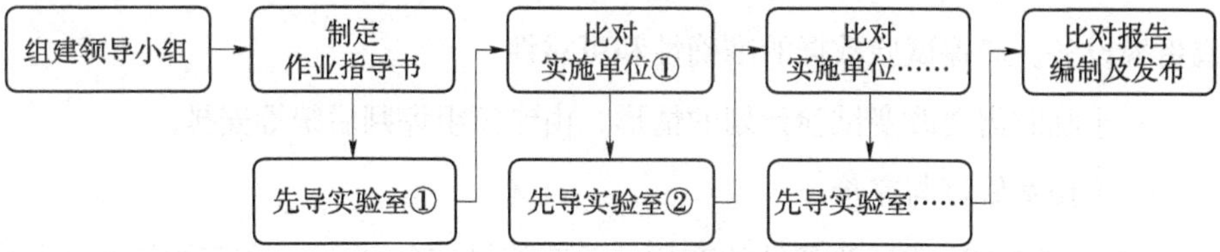

图 3.2 比对试验实施流程

3.5 应急预案

轻型汽车燃油蒸发污染物排放试验比对活动应急预案是为应对试验过程中可能出现的异常情况而制定的，旨在确保比对试验安全顺利地进行，并能及时有效地处理试验过程中出现的突发问题，确保比对工作按计划完成。应急预案包括以下内容。

（1）应急组织与职责

比对活动牵头单位组织成立应急领导小组，应急领导小组下辖专家组和保障组，负责预案的制定和组织实施。

（2）应急资源准备

准备必要的应急资源，如备用样车、标气、燃料和备用炭罐等。

（3）应急响应程序

当比对试验或运输过程中样车损坏或样车燃油蒸发污染物排放稳定性评估结果异常时，专家组应对异常情况进行初步分析，提出处理建议。如有必要，专家组应立即启动应急预案并上报应急领导小组，或通知保障组采取处理措施。

（4）应急处理措施

对于试验样车发生故障或性能异常的情况，专家组在评估其对比对试验的影响后，应作出可以继续试验或重新试验的决策，由保障组维修或更换导致异常的零部件（或系统），以恢复样车正常运行。

对于试验设备故障或数据异常，比对实施单位应迅速排查故障原因，修复或更换设备，确保试验数据的准确性和可靠性。

对于临时需要改变试验计划的情形，由专家组评判后统筹安排。

（5）预案修订与完善

根据试验方法或试验条件的变化，及时修订应急预案。对每次应急响应进行总结评估，提出改进意见，不断完善应急预案。

通过制定和执行燃油蒸发污染物排放试验比对应急预案，可以有效应对试验过程中可能会出现的异常情况，确保试验的顺利进行和人员的安全。同时，预案的修订和完善也能提高应对突发事件的能力，更好地为燃油蒸发污染物排放试验比对工作开展提供保障。

3.5.1　样车损坏

如果损坏的零部件不是排放关键件，或经专家组判断该部件不影响比对试验结果，由样车生产企业更换损坏的零件后即可继续进行比对试验。

如果损坏零部件可能影响比对试验结果，经组织单位和牵头单位确认后更换或修复损坏的零部件，并对试验样车重新磨合，之后返回先导实验室重新进行燃油蒸发污染物排放稳定性验证。如果修复后样车的燃油蒸发污染物排放稳定性试验结果与之前的稳定性试验结果一致，则继续完成剩余的比对试验；如果两次稳定性试验结果不一致，则重新更换损坏的部件或重新开展比对试验。

3.5.2　样车稳定性差

若比对试验前进行的样车稳定性试验结果不符合预期，需要先检查样车是否损坏。若样车有损坏，则修复后再重新开展样车稳定性评估；若确认样车无损坏，则重新选取比对样车。

比对试验结束后，将样车流转回比对试验牵头单位，再次进行样车稳定性试验。若稳定性试验结果不符合预期，需要先检查样车是否损坏。若样车有损坏，参照样车损坏处置。若确认样车无损坏，则组织单位与牵头单位、实施单位商榷是否开展新一轮比对试验。

3.5.3　样车存在电控系统故障

比对试验前后，均应用故障诊断设备读取并记录样车电控系统中的故障信息。如果电控系统中存在当前故障或历史故障，经牵头单位同意后方可清除。如无法清除故障，经专家组确认后，可将试验样车交由生产企业处理。只有确认样车电控系统中无故障信息后，才能开展对比试验；试验结束后样车电控系统内无故障信息，方可确认此次试验结果有效。如果电控系统损坏，参照样车损坏处理。

3.5.4 比对试验偏离计划时间

参比单位不能如期开展或在规定时间内未完成比对试验的，应及时向牵头单位报告，牵头单位统筹协调试验计划，可调整各参比单位开展试验的顺序，或适当延长试验时间。

3.5.5 比对试验结果异常

各实施单位在比对试验中发现排放结果异常时，应立即按照作业指导书的要求检查样车状态。如确认样车技术状态发生改变，应送回牵头单位进行调整。

3.6 保密及诚信规定

3.6.1 结果的保密性

比对试验期间，各参比单位应对提交的比对试验结果保密，直到比对试验工作全部结束。各参比单位不得泄露样车的试验数据，不得对样车进行除本次比对试验规定项目之外的任何测试。比对试验的结果和相关记录都应妥善保存。

3.6.2 结果的真实性

各参比单位应认真对待比对试验，严格按照比对作业指导书规定的试验方法开展试验，认真记录并填写试验数据，杜绝伪造数据或在各参比单位间串通试验结果，确保比对试验结果真实、准确。

3.7　比对作业指导书内容

比对试验组织方可制定比对活动的作业指导书，也可指定参比单位中经验丰富的实验室制定比对作业指导书，指导书应包括以下方面。

（1）参比实验室应按照日常检测工作的规范处理比对样车（除非比对计划有指定的要求）；

（2）影响燃油蒸发污染物排放比对试验结果的因素的详细说明（如样车的技术特征、存储条件、检测方法以及测量的时间要求）；

（3）试验前比对样车整备和调整的详细要求；

（4）意外情况发生时比对样车的处置指导，包括安全要求；

（5）试验的环境条件；

（6）测量结果及其不确定度记录和报告方式的详细说明；

（7）结果反馈的格式和具体要求（如测量单位和有效数字位数等）；

（8）实施机构接收比对试验结果的截止日期；

（9）实施机构的详细联系方式。

第 4 章

比对试验方案的设计与实施

4.1　比对工作前期准备

燃油蒸发污染物排放比对试验组织单位应根据比对目标提出要求，向符合条件的实验室发布通知，并组织筹备工作组。筹备工作组负责确认参加比对试验活动的实验室的试验能力、制订比对计划、确定比对样车等准备工作。

4.1.1　明确比对目标及范围

组织单位根据比对试验活动的工作目标划定参比实验室的范围。例如，在具备轻型国六排放型式检验能力的实验室间开展比对活动时，应要求参比单位具有联网的摄像头，能将试验画面实时传送到生态环境主管部门指定的平台上，并按规定存储试验进行过程的视频资料。

4.1.2　制订比对计划

筹备工作组根据组织单位确定的比对目标和划定的参加实验室的范围制订比对活动工作计划。计划内容应包含比对活动的名称和性质、比对试验的目标、比对工作组成员单位、参比单位的范围及数量、参比单位应具备的资质、比对试验使用的样车和耗材的说明、比对试验日程安排、试验样车在各参比单位间的流转顺序、燃油蒸发污染物排放试验方案、试验结果统计分析方法、比对试验结果说明以及相关附件等。

4.1.3　选择参考标准

比对试验的参考标准包括轻型国六排放标准、《轻型车国六标准实施细则（试行修订稿）》,《能力验证的选择核查与利用指南》（CNAS-GL032）,《能力验证结果的统计处理和能力评价指南》（CNAS-GL002）,《汽车和摩托车检测领域典型参数的测量不确定度评估指南及实例》（CNAS-GL023）,《测量不确定度在符合性判定中的应用》（CNAS 技术报告），以及《能力验证样品均匀性和稳定性评价指南》（CNAS-GL003）等文件。

4.1.4 比对样品的技术要求和处置方法

4.1.4.1 比对样车选择

比对活动组织单位应选择符合轻型国六排放标准且性能稳定的车辆作为比对样车。选择样车时还应了解参比实验室的燃油蒸发仓密闭室尺寸，确保比对样车适用于所有参比实验室。

组织单位提供的比对样品除试验车辆外，还应包含车辆配用的炭罐和相应的连接管路，同时还应提供样品技术参数信息。车辆配用的炭罐至少应再单独提供两件备用。单独提供的炭罐也应经过激活和老化处理。

试验样车的燃油蒸发污染物排放控制技术路线既可以是整体控制系统，也可以是非整体控制系统，或者是非整体仅控制加油排放的炭罐系统。车辆油箱可以采用常压油箱或高压油箱。

试验样车应保持技术状态良好。样车属于在用车的应配有保养和维修记录；属于新车的在开展燃油蒸发污染物排放测试前应先进行磨合。

4.1.4.2 样品配置与参数

试验样车确定后，比对试验牵头单位应分别填写《比对样车参数表》（附表 1.1）和《比对样车配用炭罐参数表》（附表 1.2），详细记录样车的关键技术参数。参数表打印并塑封后随样车一起在各参比实验室间流转。

4.1.4.3 样品稳定性评估方法

在比对试验正式开始前，样车经过 3 000 km 磨合后应进行至少 3 次燃油蒸发污染物排放测试（由比对试验牵头单位进行），确定样品稳定性［若样车实际里程大于 3 000 km，可不对样车进行磨合，仅对车上安装的炭罐按油气工作能力（Gasoline Work Capacity，GWC）循环进行老化处理]。比对试验结束后，样车需返回比对试验牵头单位的实验室再次进行至少 3 次燃油蒸发污染物排放测试，验证样车稳定性。

（1）比对样车开始前的样车稳定性评估

根据 3 次试验结果（试验内容、预处理、边界条件等需明确）的标准差判定样品的稳定性，计算公式如下：

$$S_s = \sqrt{\frac{\sum_{i=1}^{n}\left(X_i - \bar{X}\right)^2}{n-1}} \tag{4.1}$$

式中：S_s——多次试验结果的样本偏差；

X_i——第 i 次试验结果；

$\bar{X}$——多次试验结果的平均值；

n——试验次数。

若 $S_s \leqslant \sigma_0 \times 30\%$，则认为样品是稳定的。$\sigma_0$ 是能力验证计划中能力评定标准偏差的目标值，设定为比对试验样车适用的燃油蒸发污染物排放限值的 30%。

（2）比对试验结束时的稳定性评估

若 $|\bar{X} - \bar{Y}| \leqslant 0.3\sigma_0$，则认为样品是稳定的，$\sigma_0$ 具体数值同上。

式中：$\bar{Y}$——比对后稳定性确认试验的多次测量结果的平均值；

$\bar{X}$——比对前稳定性确认试验的多次测量结果的平均值。

4.1.4.4　样品流转要求及应急处置

样车由各参比单位妥善存储，并在试验完成后负责运输到下一个参比单位。在装卸和运输过程中应保证样车技术状态良好。各参比单位在接到样车和准备将样车运输到下一个参比单位时，应对样车进行状态检查，并将检查结果告知下一站的比对试验实施单位。接车单位接车时应填写《样车接送确认单》（附表 3），同时对样车进行检查并填写《样车状态登记表》（附表 4）；试验完成后将样车恢复到接收时的技术状态并填写《样车接送确认单》。各参比单位应仔细检查样车状态，包括样车外观、轮胎气压、油箱内剩余燃油量、启动性能、OBD 诊断信息、车辆识别代码（VIN）以及样车驾驶性能。若样车在运输及比对试验过程中出现异常，应及时反馈给此次比对试验的组织单位和牵头单位。

（1）比对试验牵头单位应根据比对方案制订相应的样车流转计划。参比实验室在检测结束后应按计划将样车运输至下一家实验室。

（2）每个实验室在收到样车后应仔细检查样车技术状态是否完好，并用 OBD 诊断仪检查是否存在故障信息，然后填写《样车接送确认单》、《样车状态登记表》和《车辆 OBD 技术状态确认表》（附表 5）。

（3）确认样车技术状态正常后再进行检测。如在试验过程中发现样车存在异常，应及时将异常部位相关照片、视频以及数据发送给比对试验组织单位和牵头单位，以确定处理方案。若样车出现损坏或故障，导致后续比对试验不能继续开展，本次比对试验的组织单位应提出应急方案。

（4）比对样车应按计划从一个参比单位流转至下一参比单位，参比单位收到样车后应尽快安排测试。接收样车和将样车发送至下一参比单位的时间间隔一般不宜超过 1 个月。如遇不可抗力导致物流受阻或检测无法按时完成，参比单位应在第一时间通知比对试验组织单位和牵头单位的联络人，以及时提出应急方案。

（5）各参比单位按规定完成样车检测后，应对样车外观进行清洁整理并恢复至原技术始状态（接车时的状况），并按样车启封时的包装情况用原有包装材料和方式对样车进行固定及包装，并将样车发送至下一参比单位，然后填写《样车接送确认单》。

（6）各参比实验室在样车接收和发送的当日，以电话和电子邮件形式通知牵头单位联络人及时跟踪样车的物流状态。

（7）样车发送当日，各参比单位将《样车接送确认单》《比对样车参数表》《比对样车配用炭罐参数表》通过电子邮件发送给牵头单位联络人。

若样车在运输或试验过程中出现损坏，接车单位应提供样车损坏部位的照片、视频和相应数据，比对试验组织方按以下原则拟订应急方案。

（1）如果损坏的零部件（或系统）不是排放关键零件，专家组判定不影响蒸发污染物排放试验的比对结果，可由样车生产企业更换损坏的零件后继续开展比对试验。

（2）如果损坏的零部件（或系统）是排放关键零件，专家组判定影响比对试验结果，则应先更换损坏的零部件（或系统），将该零部件（或系统）激活并按其技术要求在样车上进行磨合，然后将样车发回牵头单位重新进行稳定性评估。如果样车稳定性测试结果与比对试验开始时的稳定性测试结果一致，则继续完成比对试验；如果样车稳定性测试结果与开始时的稳定性测试结果不一致，则按原计划从第一家参比单位开始重新进行比对试验。

4.2　试验设施与设备要求

参比实验室必须具备《轻型汽车污染物排放限值及测量方法（中国第六阶段）》（GB 18352.6—2016）附录 F 规定的轻型汽车燃油蒸发污染物排放试验能力，试验设施包括燃油蒸发密闭室系统、底盘测功机和环境舱等。

4.2.1　检测系统及设施要求

4.2.1.1　燃油蒸发密闭室系统

（1）密闭室舱体

燃油蒸发密闭室应是一个密封性良好的矩形测量室，可用来容纳汽车，密闭室封闭时应能达到法规规定的气密性。所有和舱内气体接触的材料均需不渗透、不吸收、不释放碳氢化合物且不与碳氢化合物产生化学反应（图 4.1）。密闭室应具备温度调节能力，能在热浸试验中保持恒定温度［（38±2）℃］，并在昼夜试验中按相关法规要求的温度曲线模拟昼夜温差变化（由 20℃升至 35℃，再降至 20℃）。

图 4.1　燃油蒸发密闭室舱体

（2）碳氢分析仪

碳氢分析仪的类型应为加热型氢火焰离子发生器（HFID），碳氢测量系统应对采样管路进行加热［（191 ± 5）℃］。样气应从密闭室某一侧面抽取，所有旁通气应回流到密闭室内混合风扇下游处。碳氢分析仪各技术指标如下。

①量程：最小量程≤10 ppm[①]，最大量程≥3 000 ppm，具备动态单量程功能；

②重复性：≤ ± 1.0% 工作量程；

③零点漂移：≤ ± 2% 工作量程 / 至少 8 h；

④量程漂移：≤ ± 2% 实测值 / 至少 8 h；

⑤噪声：≤ ± 1.0% 工作量程；

⑥线性度：≤ ± 1% 工作量程或 ± 2% 实测值，以精度高者为准；

⑦响应时间：（T10～T90）≤1.5 s；

⑧稳定性：在 15 min 稳定期内，通入零气或满量程 80% ± 20% 浓度的标准气时读数误差应不超过 ± 2%。

4.2.1.2　底盘测功机及环境舱

底盘测功机系统应满足法规要求的道路载荷和试验车惯量模拟要求，可按

① 1 ppm=10^{-6}（体积比）。

燃油蒸发试验要求对整车进行预处理行驶，环境舱负责提供常温（23℃）和高温（38℃）的测试环境（图 4.2）。

图 4.2　底盘测功机及环境舱

4.2.1.3　炭罐预处理系统

设备应能按燃油蒸发试验的要求，对车载炭罐进行脱附和吸附（图 4.3）。脱附过程使用清洁、干燥的空气，脱附流量为（25 ± 5）L/min。吸附过程采用 50% 体积氮气和 50% 体积丁烷的混合气进行加载，加载速率为 40 g/h。

图 4.3　炭罐预处理系统

4.2.2 设备标定及维护要求

（1）密闭室背景排放物确定

按照法规要求自动完成密闭室的背景排放检测和结果计算输出，且整个试验过程中密闭室内碳氢化合物质量变化不超过 0.05 g。

（2）密闭室体积确认及泄漏检查试验

采用丙烷喷射和称重的方法能完成密闭室体积确认，体积准确性在 ±2% 以内，24 h 泄漏检查偏差在 ±3% 以内。

（3）分析仪线性检查要求

分析仪线性度应≤±1% 工作量程或 ±2% 实测值，以精度高者为准。

4.2.3 标准物质及耗材的要求

比对试验所需用油应为同一批次，且满足《轻型汽车污染物排放限值及测量方法（中国第六阶段）》（GB 18352.6—2016）附录 K 中 K.2 要求的基准燃油标准。为保证燃油的蒸气压维持稳定，比对所用燃油应统一使用 40 L 的小桶包装，由组织单位统一购买，并发往各参比单位。每次试验车燃油更换使用 3～4 桶，多余部分不能在试验车下次加油时继续使用。比对试验期间样车不得使用其他燃油。每次试验前，需要使用符合《石油产品蒸气压的测定　雷德法》（GB/T 8017—2012）规定或等效的仪器测量，并记录试验用燃油的雷德蒸气压（RVP）。试验中不应使用任何在试验过程中回收的燃油。如果新的试验用燃油的 RVP 值不在《轻型汽车污染物排放限值及测量方法（中国第六阶段）》（GB 18352.6—2016）附录 K 规定的 56～60 kPa，允许对 RVP 值高的燃油添加氮气去除有机成分，或让 RVP 值低的燃油吸附 100% 异丁烷以达到规定要求。

能力验证所需标准气体由各参比单位自行采购，标准气体应满足《轻型汽车污染物排放限值及测量方法（中国第六阶段）》（GB 18352.6—2016）附录 C 中 CD.6 的要求，各参比单位需提供相应的标准物质证书。比对试验前和结束后应用密闭室碳氢分析仪测量标气浓度。

4.3　试验方法与操作规范

4.3.1　试验内容及数量

各参比单位应按照《轻型汽车污染物排放限值及测量方法（中国第六阶段）》（GB 18352.6—2016）附录 F 规定的方法开展燃油蒸发污染物排放试验。每台试验样车需重复 3 次试验。

4.3.2　试验规程

轻型汽车国六燃油蒸发污染物排放测试主要包括车辆准备、炭罐预处理、车辆预处理行驶、热浸试验和连续两昼夜试验 5 个环节。整个测试要求在规定的时间间隔内完成，每个环节都应由同一（组）操作员完成。除非作为整个测量的一个环节，测量过程中不允许对设备进行重新校准。在重复测量过程中应使用同一套设备。

在车辆准备环节，原车燃油被更换为比对试验用基准燃油，在车辆浸车和预处理行驶过程中，发动机控制单元会对新油品进行调整，确保每次测试前车辆达到一个稳定且统一的状态。在炭罐预处理环节，炭罐通过吸附丁烷完成加载，模拟车辆炭罐在实际使用条件下的油气吸附。在车辆预处理环节，通过有代表性的工况行驶，考核车辆炭罐脱附能力。车辆完成高温行驶后 7 min 内应被推入密闭室，开始 1 h 的热浸排放试验，随后是连续两昼夜排放试验。热浸排放试验结果加上昼夜排放试验结果（连续两昼夜排放测试结果中的较大者）作为该次测试燃油蒸发污染物排放试验的最终结果。

（1）整体控制系统、非整体控制系统（除 NIRCO 外）

对于整体控制系统、非整体控制系统（除 NIRCO 外），按照如下步骤开展燃油蒸发污染物排放测试。

将车辆油箱中的燃油放空，然后在（23 ± 5）℃的环境温度下加入温度为

（18 ± 8）℃的燃油，加油量为油箱标称容积的 40% ± 0.5 L。加油完成后将车辆置于（23 ± 3）℃的环境中浸车 6～36 h。

浸车结束后，将样车移动至实验室转毂上，依次运行全球统一轻型车辆测试循环（WLTC）工况中的低速、中速、高速和高速工况进行预处理行驶，其间实验室温度应控制在（23 ± 5）℃。对于不可外接充电的混合动力电动汽车（NOVC-HEV），重复进行试验，直至达到电量保持模式；对于可外接充电的混合动力电动汽车（OVC-HEV），对车辆进行车外充电，当电池电荷达到最高水平后也可不进行预处理。

预处理行驶结束后 2 h 内，将油箱中燃油放空，然后加入温度为（18 ± 8）℃的燃油，加油量为油箱标称容积的 40% ± 0.5 L，加油过程中环境温度应控制在（23 ± 5）℃。

加油完成后，拆下炭罐，置于炭罐预处理台架上，使用 50% 体积氮气和 50% 体积丁烷的混合气以 40 g/h 的加载速率对炭罐进行加载，直至炭罐击穿达到 2 g。炭罐处理试验完成后 1 h 内将完成击穿试验的炭罐装回试验车并连接好相关管路，然后开始高温浸车。浸车间的温度应控制在（38 ± 2）℃，浸车时间持续 12～36 h。

高温浸车结束后 10 min 内，将应车辆从浸车间转移到底盘测功机上，依次运行 WLTC 工况中的低速 +2 min 怠速、中速 +2 min 怠速、高速 +2 min 怠速、高速 +2 min 怠速进行高温预处理行驶，其间实验室环境温度应控制在（38 ± 2）℃。

高温预处理行驶结束后 7 min 内应将车辆移至燃油蒸发密闭室，进行 1 h 热浸试验，起始温度为（38 ± 2）℃，环境温度为 33～41℃。

热浸试验结束后 2 h 内应开始常温浸车，浸车时间 6～36 h，浸车间温度控制在（20 ± 2）℃。常温浸车结束后开始连续两昼夜排放测试，密闭室起始温度应控制在 20℃，然后按《轻型汽车污染物排放限值及测量方法（中国第六阶段）》（GB 18352.6—2016）附件 FB 规定的程序对密闭室内的温度进行控制直至测试结束，输出测试结果。

（2）非整体仅控制加油排放的炭罐系统

非整体仅控制加油排放的炭罐系统按照以下步骤开展燃油蒸发污染物排放测试。

将车辆油箱中的燃油放空，然后在（23 ± 5）℃的环境温度下加入温度为（24 ± 2）℃的燃油，加油量为油箱标称容积的 40% ± 0.5 L；加油完成后将车辆置于（23 ± 3）℃的环境中浸车 6～36 h。

浸车结束后，将样车移动至实验室转毂上，依次运行 WLTC 工况中的低速、中速、高速和高速工况进行预处理行驶，实验室温度应控制在（23 ± 5）℃。对于 OVC-HEV 和 NOVC-HEV，预处理过程中应重复运行上述循环，直至电池达到电量保持模式。

预处理试验完成 2 h 内，应开始进行炭罐吸附击穿试验。首先从试验样车上拆下炭罐，置于炭罐预处理台架上，使用 50% 体积氮气和 50% 体积丁烷的混合气以 40 g/h 的加载速率对炭罐进行加载，直至炭罐击穿达到 2 g。然后进行炭罐脱附试验，用流量为（25 ± 5）L/min 的新鲜空气流吹过炭罐，直至通过炭罐的空气体积达到 300 倍炭罐的有效容积。

炭罐处理工作完成后，再次进行放油和加油处理。首先将炭罐安装回试验样车并连接好所有管路。然后将车辆油箱中的燃油放空，在（23 ± 5）℃的环境温度下加入温度为（24 ± 2）℃的燃油，加油量为油箱标称容积的 95% ± 0.5 L。然后在 1 h 内断开与炭罐连接的管路，并再次进行放油和加油。将车辆油箱中的燃油放空，在（23 ± 5）℃的环境温度下加入温度为（24 ± 2）℃的燃油，加油量为油箱标称容积的 40% ± 0.5 L。

加油完成后，立即重新连接好和炭罐相连的所有管路，然后开始高温浸车。浸车间的温度应控制在（38 ± 2）℃，持续时间为 12～36 h。

高温浸车结束后 10 min 内，应将车辆置于转毂上依次运行 WLTC 工况中的低速 +2 min 怠速、中速 +2 min 怠速、高速 +2 min 怠速、高速 +2 min 怠速进行高温预处理行驶，其间实验室环境温度为（38 ± 2）℃。

高温预处理行驶结束后 7 min 内，将车辆移至燃油蒸发密闭室，开始 1 h

的热浸试验，起始温度为（38±2）℃，环境温度为33～41℃。

热浸试验结束后2 h内应开始常温浸车，浸车间温度控制在（20±2）℃，浸车时间为6～36 h。浸车结束后开始连续两昼夜排放测试，密闭室起始温度应控制在20℃，然后按《轻型汽车污染物排放限值及测量方法（中国第六阶段）》（GB 18352.6—2016）附件FB规定的程序对密闭室内的温度进行控制，直至测试结束，输出测试结果。

（3）试验参数的规定

燃油蒸发污染物排放试验中涉及的温度和时间等控制参数均应在国六标准规定的范围内取值。为提高比对试验结果的可比性，与各参比单位协商后，试验组织者和牵头单位应缩小可能影响试验结果的控制参数的取值范围，或要求所有参比单位按同一数值开展试验（表4.1）。

表4.1　燃油蒸发污染物排放试验控制参数

<table>
<tr><th colspan="2">参数名称</th><th>标准规定的范围</th><th>比对试验推荐值</th><th>备注</th></tr>
<tr><td rowspan="9">整体控制和非整体控制系统（除NIRCO外）的试验</td><td>燃油温度</td><td>（18±8）℃</td><td>（23±3）℃</td><td>放油和加油至40%环节</td></tr>
<tr><td>放油/加油的环境温度</td><td>（23±5）℃</td><td>（23±1）℃</td><td>放油和加油至40%环节</td></tr>
<tr><td>常温浸车时间</td><td>6～36 h</td><td>（24±2）h</td><td>放油和加油后的常温浸车环节</td></tr>
<tr><td>常温浸车温度</td><td>（23±3）℃</td><td>（23±1）℃</td><td>放油和加油后的常温浸车环节</td></tr>
<tr><td>预处理和第二次放油/加油的间隔时间</td><td><2 h</td><td>1.5 h</td><td>预处理和第二次放油/加油的间隔时间</td></tr>
<tr><td>燃油温度</td><td>（18±8）℃</td><td>（23±1）℃</td><td>第二次放油和加油至40%环节</td></tr>
<tr><td>放油/加油的环境温度</td><td>（23±5）℃</td><td>（23±1）℃</td><td>第二次放油和加油至40%环节</td></tr>
<tr><td>炭罐击穿处理和高温浸车的间隔时间</td><td><1 h</td><td>0.5 h</td><td>炭罐击穿处理和高温浸车的间隔时间</td></tr>
<tr><td>高温浸车时间</td><td>12～36 h</td><td>24 h</td><td>炭罐击穿处理后的高温浸车环节</td></tr>
</table>

续表

参数名称		标准规定的范围	比对试验推荐值	备注
整体控制和非整体控制系统（除 NIRCO 外）的试验	高温浸车温度	（38 ± 2）℃	（38 ± 1）℃	炭罐击穿处理后的常温浸车环节
	高温行驶和热浸试验的时间间隔	<7 min	7 min	
	热浸试验起始温度	（38 ± 2）℃	（38 ± 1）℃	
	热浸试验环境温度	33～41℃	38℃	
	热浸试验和第二次常温浸车的时间间隔	<2 h	1.5 h	热浸试验和第二次常温浸车的时间间隔
	第二次常温浸车时间	6～36 h	24 h	热浸试验后的常温浸车环节
	第二次常温浸车温度	（20 ± 2）℃	（20 ± 1）℃	热浸试验后的常温浸车环节
非整体仅控制加油排放的炭罐系统的试验	燃油温度	（24 ± 2）℃	（23 ± 1）℃	放油和加油至 40% 环节
	放油 / 加油的环境温度	（23 ± 5）℃	（23 ± 1）℃	放油和加油至 40% 环节
	常温浸车时间	6～36 h	24 h	放油和加油后的常温浸车环节
	常温浸车温度	（23 ± 3）℃	（23 ± 1）℃	放油和加油后的常温浸车环节
	预处理和炭罐击穿试验的间隔时间	<2 h	1.5 h	预处理和炭罐击穿试验的间隔时间
	炭罐脱附试验的环境温度	（23 ± 5）℃	（23 ± 1）℃	
	燃油温度	（24 ± 2）℃	（23 ± 1）℃	放油和加油至 95% 环节
	放油 / 加油的环境温度	（23 ± 5）℃	（23 ± 1）℃	放油和加油至 95% 环节
	断开炭罐连接持续的时间	<1 h	45 min	
	燃油温度	（24 ± 2）℃	（23 ± 1）℃	第二次放油和加油至 40% 环节
	放油 / 加油的环境温度	（23 ± 5）℃	（23 ± 1）℃	第二次放油和加油至 40% 环节

续表

参数名称		标准规定的范围	比对试验推荐值	备注
非整体仅控制加油排放的炭罐系统的试验	高温浸车时间	12～36 h	24 h	炭罐重新连接后的高温浸车环节
	高温浸车温度	(38±2)℃	(38±1)℃	炭罐重新连接后的常温浸车环节
	高温行驶和热浸试验的时间间隔	<10 min	10 min	
	热浸试验和高温行驶的时间间隔	<7 min	7 min	
	热浸试验起始温度	(38±2)℃	(38±1)℃	
	热浸试验环境温度	33～41℃	38℃	
	热浸试验和第二次常温浸车的时间间隔	<2 h	1.5 h	热浸试验和第二次常温浸车的时间间隔
	第二次常温浸车时间	6<36 h	24 h	热浸试验后的常温浸车环节
	第二次常温浸车温度	(20±2)℃	(20±1)℃	热浸试验后的常温浸车环节

4.3.3 试验结果计算

各个试验阶段的燃油蒸发污染物排放结果用碳氢化合物浓度、密闭室内的温度和压力初始读数及每个过程的终了读数、密闭室的净容积来计算。比对活动所使用的密闭室均是可变容积密闭室，各个阶段的实验结果按式（4.2）～式（4.4）计算。

（1）热浸试验

$$M_{\mathrm{HC,HS}}=k\times V\times 10^{-4}\times\left(\frac{C_{\mathrm{HC},f}\times P_f}{T_f}-\frac{C_{\mathrm{HC},i}\times P_i}{T_i}\right) \tag{4.2}$$

（2）昼夜换气试验

$$M_{\mathrm{HC},24}=k\times V\times 10^{-4}\times\left(\frac{C_{\mathrm{HC},24}\times P_{24}}{T_{24}}-\frac{C_{\mathrm{HC},i}\times P_i}{T_i}\right) \tag{4.3}$$

$$M_{\mathrm{HC},48}=k\times V\times 10^{-4}\times\left(\frac{C_{\mathrm{HC},48}\times P_{48}}{T_{48}}-\frac{C_{\mathrm{HC},24}\times P_{24}}{T_{24}}\right) \tag{4.4}$$

式中：M_{HC}——碳氢化合物质量，g；

C_{HC}——密闭室内碳氢化合物浓度，ppm；

V——经汽车容积修正后的密闭室净容积，如汽车实际容积位置，则按默认值 1.42 m³；

T——密闭室内环境温度，K；

P——大气压力，kPa；

k——1.2×（12+H/C）；

H/C——碳氢比，对于热浸试验，H/C 为 2.20，对于昼夜换气试验，H/C 为 2.33；

i——初始读数；

f——终了读数；

HS——热浸；

24——第一个昼夜 24 h 的读数；

48——第二个昼夜 24 h 的读数。

标准的燃油蒸发试验总结果为热浸试验结果与连续两昼夜换气试验结果中较大者的试验结果之和。

4.3.4　试验数据与结果的记录要求

4.3.4.1　确定数据收集范围

参比单位在完成所有比对试验测试项目后，除了按表填写试验最终结果，还应在附件中以至少 1 min 一次的采样频率提供热浸和昼夜排放试验过程中各参数的数据记录，包括 THC 浓度、密闭室舱内实际温度、舱内设置温度、舱壁温度、湿度、压差、大气压、补偿气袋体积（如有）等。

4.3.4.2 规范数据记录并整理

参比单位应及时、准确、完整地记录整个试验过程，包括比对试验中的试验条件、操作步骤、出现的问题、试验结果等。试验过程按《轻型国六燃油蒸发污染物排放试验过程记录表》（附表 6）记录，所有记录的试验数据应按组织单位的要求进行整理和提交。

4.3.4.3 数据审核与追溯

实验数据应经过审核和追溯，确保数据的真实性和可靠性。对于异常数据或可疑数据，应进行复查和原因分析，并及时采取纠正措施。

第 5 章

比对试验结果的统计与评价

5.1　统计分析技术应用

5.1.1　描述统计分析

描述统计是指运用制表、分类、图形以及计算得到概括性数据，以此描述数据特征的统计分析方法。描述统计分析要对包含调查总体所有变量的全部数据进行统计性描述，包括数据的频数分析、集中趋势分析、离散度分析、数据分布以及基本统计图形：①频数分析。利用频数分析和交叉频数分析检验异常值。②集中趋势分析。用于反映数据的一般水平，常用指标有平均值、中位数和众数等。③离散度分析。用于反映数据之间的差异，常用指标有方差和标准差。④数据分布。统计分析中通常假设样本所属总体的分布属于正态分布，并用偏度和峰度两个指标检验样本数据是否符合正态分布。⑤基本统计图形。用图形的形式表达数据，表达效果更加简明清晰。

5.1.2　推断统计分析

推断统计是用概率数值决定某两组（或若干组）数据之间存在联系的可能性，并用样本特征推断总体特征的统计方法。在科学研究和生产活动中通常不能对所要研究的对象逐一进行考察，而是从总体中抽取一定的样本进行研究。例如，要了解一个地区的人口特征，不可能对每个人都进行统计；对成品质量进行检验往往是破坏性的，也不可能对每个产品进行检验，需要抽取样本进行测量。根据获得的数据对总体特征进行推断，这就是推断统计要解决的问题，推断统计方法允许我们依据有限的信息（样本）对总体得出结论。研究中常将测试样品按一定要求分为不同组，以便试验开展和数据统计。

推断统计包含两方面内容：总体参数估计和假设检验。

（1）总体参数估计

从研究中获得一组数据后，通过样本信息对总体特征进行估计，也就是根据局部结果推论总体情况的方法称为总体参数估计。总体参数估计可分为点估计和区间估计。

点估计利用样本统计量来估计总体参数，因为样本统计量为数轴上某一点值，估计的结果也以一个点的数值表示。由于这种估计是单个的数值，总是存在误差，对误差也不能准确地计算出来。此外，点估计无法指出对总体参数进行正确估计的概率，因此点估计只能作为一种大致的估计，更好的办法是对总体参数进行区间估计。

区间估计是根据样本统计量，利用抽样分布的原理，用概率表示总体参数可能落在某数值区间内的推算方法。区间估计的方法包括总体平均值的区间估计、总体百分数的区间估计、标准差和方差的区间估计、相关系数的区间估计等。

（2）假设检验

在统计学中，通过样本统计量得出的差异作出一般性结论，判断总体参数之间是否存在差异，这个推论过程称为假设检验。假设检验分为参数检验和非参数检验。

如果进行假设检验时总体的分布形式已知，需要对总体的位置参数进行假设检验，称为参数假设检验。如果对总体分布形式所知甚少，需要对未知分布函数的形式及其他特征进行假设检验，通常称为非参数假设检验。

5.1.3 描述统计与推断统计的差异

（1）两种统计方法的认识基础不同

描述统计认为需要通过大量观察（而非几个实验）才能全面且正确地反映出现象变化的规律性，如果将观察仅局限于若干个少量、局部的实验上，得出的结论可能较为片面，甚至是错误的。与此相反，推断统计不需要泛泛地、全面地收集大量庞杂的原始数据，应将注意力集中在精确设计和控制之下的实验中，这样得到的数据翔实可靠，复现性强，能更加准确地反映现象变化的规律性。

（2）两种统计方法采用的方式不同

统计方法上的差异是由认识基础不同引申而来。描述统计坚持大量观察，而推断统计则坚持样本分析，并且其实质是小样本分析。因此，描述统计的规律是在总体信息（全面数据）中“直接”显示出来的，是被描述（简缩）出来的；而推断统计的规律则是透过样本信息（局部数据）“间接”显现出来的，是被推断（估计或检验）出来的。

（3）两种统计方法的逻辑结构不同

推断统计采用样本进行推断，因此必须首先构造出两个最基本的统计范畴，即总体和样本；其他统计范畴或概念则相对成为它们的次第的派生范畴或概念，称为子范畴或子概念。对描述统计而言，这对基本范畴（尤其是后者）并非不可或缺。如果借助这对基本范畴来建立整个统计学的范畴或概念体系，可以认为描述统计属于大样本分析，而推断统计则属于小样本分析。

5.1.4　相关性统计分析

相关性统计分析是指对两个或多个具有相关性的变量元素进行分析，从而衡量两个变量因素关联的密切程度，元素之间需要存在一定的联系或者概率才可以进行相关性分析。

相关性不等于因果性，相关性所涵盖的范围和领域几乎覆盖了统计分析的方方面面，相关性在不同研究领域中的定义也存在较大差异。

在统计学中，回归分析（regression analysis）是指确定两种或两种以上变量间相互依赖的定量关系的一种统计分析方法。回归分析按照所涉及变量的多少，可分为一元回归和多元回归分析；按照因变量的多少，可分为简单回归分析和多重回归分析；按照自变量和因变量之间的关系类型，可分为线性回归分析和非线性回归分析。

回归分析的主要内容为

①从一组数据出发，确定某些变量之间的定量关系式，即建立数学模型并估计其中的未知参数。估计参数的常用方法是最小二乘法。

②对这些关系式的可信程度进行检验。

③在多个自变量共同影响一个因变量的关系中，判断哪个（或哪些）自变量的影响是显著的，哪个（或哪些）自变量的影响不显著，并将影响显著的自变量加入模型中，同时剔除影响不显著的变量，通常用逐步回归、向前回归和向后回归等方法。

④利用所求的关系式对某一过程进行预测或控制。回归分析的应用非常广泛，商用的统计软件包使各种回归方法计算十分方便。

回归分析把变量分为两类：一类是因变量，通常是实际问题中所关心的一类指标，用 Y 表示；影响因变量取值的另一类变量称为自变量，用 X 表示。

5.2 数据处理与结果分析

5.2.1 数据处理、统计及评价方法

比对试验中采用的数据统计方法需要适合比对试验的目的，符合统计学原理。在比对试验计划中需要说明数据统计方法和所依据的统计假设，最常用的统计分析假设为参加者的测量结果服从近似正态分布或至少为单峰分布且服从对称分布；另一个常用假设认为，测量结果分布由来自参加比对的实验室产生的可靠数据和可能产生离群值的错误数据组成。数据评价的解释通常基于正态分布假设。

5.2.1.1 单个实验室试验结果处理

单个参比单位对试验样车按第 4 章的要求进行 n 次燃油蒸发污染物排放试验。试验结果可使用重复试验的变异系数 COV 进行评估，计算方法为

$$\mathrm{COV}=\frac{s}{\bar{x}}\times 100\% \tag{5.1}$$

式中：COV——单个实验室燃油蒸发污染物 n 次重复试验结果的变异系数。

单个实验室燃油蒸发污染物 n 次重复试验结果的平均值（$\bar{x}$），按式（5.2）计算。

$$\bar{x}=\frac{\sum_{i=1}^{n}x_i}{n} \quad (5.2)$$

单个实验室燃油蒸发污染物 n 次重复试验结果的标准差（s），按式（5.3）计算。

$$s=\sqrt{\frac{\sum_{i=1}^{n}\left(x_i-\bar{x}\right)^2}{n-1}} \quad (5.3)$$

式中：x_i——第 i 次燃油蒸发污染物试验结果；

n——试验次数。

试验结果也可以按照 4.1.4.3 节介绍的方法进行评估，计算多次试验结果的偏差 S_s，与偏差的目标值 σ_0 进行比较。

5.2.1.2 比对试验结果的重复性和再现性评估

参照《测量方法与结果的准确度（正确度与精密度）》（GB/T 6379.2—2004）中对于实验室间重复性和再现性结果的评价方法对比对结果进行统计计算，假设参加比对验证的实验室数量为 p，某实验室燃油蒸发污染物的试验结果为 x_i，试验重复次数为 n，按表 5.1 统计试验结果。

表 5.1 试验结果统计

实验室序号	试验结果，x_i				$\bar{x}$	s	d	h	k
	1	2	…	n					
1									
2									
3									
…									
p									

其中，$\bar{x}$为某个实验室燃油蒸发污染物试验结果的平均值；s 为某个实验室燃油蒸发污染物试验结果的标准差，即

$$\bar{x}=\frac{\sum_{1}^{n}x_i}{n} \tag{5.4}$$

$$s=\sqrt{\frac{\sum_{1}^{n}(x_i-\bar{x})^2}{n-1}} \tag{5.5}$$

式中：n——重复试验次数。

按式（5.6）计算所有实验室燃油蒸发污染物试验结果的总体平均值$\bar{\bar{x}}$。

$$\bar{\bar{x}}=\frac{\sum_{1}^{p}\bar{x}}{p} \tag{5.6}$$

式中：p——参与比对试验的实验室数量。

按式（5.7）计算每个实验室平均值与总体平均值的差值 d。

$$d=\bar{x}-\bar{\bar{x}} \tag{5.7}$$

按式（5.8）计算所有实验室平均结果的总体标准差$s_{\bar{x}}$。

$$s_{\bar{x}}=\sqrt{\frac{\sum_{1}^{p}d^2}{p-1}} \tag{5.8}$$

按式（5.9）计算实验室间的重复性标准差 s_r。

$$s_r=\sqrt{\frac{\sum_{1}^{p}s^2}{p}} \tag{5.9}$$

实验室间结果的方差 s_L^2 和标准差 s_L 分别按式（5.10）和式（5.11）计算。

$$s_L^2=s_{\bar{x}}^2-\frac{s_r^2}{n} \tag{5.10}$$

$$s_L=\sqrt{s_L^2} \tag{5.11}$$

如果 s_L^2 为负，则 s_L^2 为 0，s_L 为 0。

实验室间再现性标准差 s_R 按式（5.12）计算。

$$s_R = \sqrt{s_L^2 + s_r^2} \tag{5.12}$$

比对试验中可能存在个别实验室或数据与其他数据明显不一致，从而影响对比对试验结果的评估，因此必须对试验数据进行检查。曼德尔统计量 h 主要体现实验室测量结果的准确度，确定比对试验是否有离群值，若某个实验室结果 h 值越大，则表明该实验室测试结果准确度越低。统计量 h 按式（5.13）计算。

$$h = \frac{d}{s_{\bar{x}}} \tag{5.13}$$

曼德尔统计量 k 主要体现实验室内测试结果的精密度，是对各实验室测量结果的离散度进行统计分析。若某实验室 k 值越大，则表明该实验室测试结果精密度越低。统计量 k 按式（5.14）计算。

$$k = \frac{s}{s_r} \tag{5.14}$$

以实验室编号为横坐标，分别以统计量 h 和 k 为纵坐标绘制条形图。对试验的不同水平，实验室的 h 值可正可负。使用参与比对实验室数量 p 和重复试验次数 n，通过查询表 5.2 和表 5.3，分别找出对应的曼德尔统计量 h 和 k 的临界值，对离群值的处理建议使用如下方法。

①实验室燃油蒸发污染物试验结果的 h 值和 k 值小于 5% 临界值，说明该实验室污染物的试验结果可信；

②当实验室燃油蒸发污染物试验结果的 h 值和 k 值大于 5% 临界值且小于 1% 临界值时，说明该实验室污染物的试验结果相对整体结果可疑；

③当实验室燃油蒸发污染物试验结果的 h 值和 k 值大于 1% 临界值时，说明该实验室污染物的试验结果相对整体实验室水平差异较大，需要引起关注，分析原因。

表 5.2 显著性水平为 1% 时曼德尔统计量 h 和 k 的临界值

实验室数量 p	h	k								
		重复试验次数 n								
		2	3	4	5	6	7	8	9	10
3	1.15	1.71	1.64	1.58	1.53	1.49	1.46	1.43	1.41	1.39
4	1.49	1.91	1.77	1.67	1.60	1.55	1.51	1.48	1.45	1.43
5	1.72	2.05	1.85	1.73	1.65	1.59	1.55	1.51	1.48	1.46
6	1.87	2.14	1.90	1.77	1.68	1.62	1.57	1.53	1.50	1.47
7	1.98	2.20	1.94	1.79	1.70	1.63	1.58	1.54	1.51	1.48
8	2.06	2.25	1.97	1.81	1.71	1.65	1.59	1.55	1.52	1.49
9	2.13	2.29	1.99	1.82	1.73	1.66	1.60	1.56	1.53	1.50
10	2.18	2.32	2.00	1.84	1.74	1.66	1.61	1.57	1.53	1.50
11	2.22	2.34	2.01	1.85	1.74	1.67	1.62	1.57	1.54	1.51
12	2.25	2.36	2.02	1.85	1.75	1.68	1.62	1.58	1.54	1.51
13	2.27	2.38	2.03	1.86	1.76	1.68	1.63	1.58	1.55	1.52
14	2.30	2.39	2.04	1.87	1.76	1.69	1.63	1.58	1.55	1.52
15	2.32	2.41	2.05	1.87	1.76	1.69	1.63	1.59	1.55	1.52
16	2.33	2.42	2.05	1.88	1.77	1.69	1.63	1.59	1.55	1.52
17	2.35	2.44	2.06	1.88	1.77	1.69	1.64	1.59	1.55	1.52
18	2.36	2.44	2.06	1.88	1.77	1.70	1.64	1.59	1.56	1.52
19	2.37	2.44	2.07	1.89	1.78	1.70	1.64	1.59	1.56	1.53
20	2.39	2.45	2.07	1.89	1.78	1.70	1.64	1.60	1.56	1.53
21	2.39	2.46	2.07	1.89	1.78	1.70	1.64	1.60	1.56	1.53
22	2.40	2.46	2.08	1.90	1.78	1.70	1.65	1.60	1.56	1.53
23	2.41	2.47	2.08	1.90	1.78	1.71	1.65	1.60	1.56	1.53
24	2.42	2.47	2.08	1.90	1.79	1.71	1.65	1.60	1.56	1.53
25	2.42	2.47	2.08	1.90	1.79	1.71	1.65	1.60	1.56	1.53
26	2.43	2.48	2.09	1.90	1.79	1.71	1.65	1.60	1.56	1.53
27	2.44	2.48	2.09	1.90	1.79	1.71	1.65	1.60	1.56	1.53
28	2.44	2.49	2.09	1.91	1.79	1.71	1.65	1.60	1.57	1.53
29	2.45	2.49	2.09	1.91	1.79	1.71	1.65	1.60	1.57	1.53
30	2.45	2.49	2.10	1.91	1.79	1.71	1.65	1.61	1.57	1.53

表 5.3　显著性水平为 5% 时曼德尔统计量 h 和 k 的临界值

实验室数量 p	h	k								
		重复试验次数 n								
		2	3	4	5	6	7	8	9	10
3	1.15	1.65	1.53	1.45	1.40	1.37	1.34	1.32	1.30	1.29
4	1.42	1.76	1.59	1.50	1.44	1.40	1.37	1.35	1.33	1.31
5	1.57	1.81	1.62	1.53	1.46	1.42	1.39	1.36	1.34	1.32
6	1.66	1.85	1.64	1.54	1.48	1.43	1.40	1.37	1.35	1.33
7	1.71	1.87	1.66	1.55	1.49	1.44	1.41	1.38	1.36	1.34
8	1.75	1.88	1.67	1.56	1.50	1.45	1.41	1.38	1.36	1.34
9	1.78	1.90	1.68	1.57	1.50	1.45	1.42	1.39	1.36	1.35
10	1.80	1.90	1.68	1.57	1.50	1.46	1.42	1.39	1.37	1.35
11	1.82	1.91	1.69	1.58	1.51	1.46	1.42	1.39	1.37	1.35
12	1.83	1.92	1.69	1.58	1.51	1.46	1.43	1.40	1.37	1.35
13	1.84	1.92	1.69	1.58	1.51	1.46	1.43	1.40	1.37	1.35
14	1.85	1.92	1.70	1.59	1.52	1.47	1.43	1.40	1.37	1.35
15	1.86	1.93	1.70	1.59	1.52	1.47	1.43	1.40	1.38	1.36
16	1.86	1.93	1.70	1.59	1.52	1.47	1.43	1.40	1.38	1.36
17	1.87	1.93	1.70	1.59	1.52	1.47	1.43	1.40	1.38	1.36
18	1.88	1.93	1.71	1.59	1.52	1.47	1.43	1.40	1.38	1.36
19	1.88	1.93	1.71	1.59	1.52	1.47	1.43	1.40	1.38	1.36
20	1.89	1.94	1.71	1.59	1.52	1.47	1.43	1.40	1.38	1.36
21	1.89	1.94	1.71	1.60	1.52	1.47	1.44	1.41	1.38	1.36
22	1.89	1.94	1.71	1.60	1.52	1.47	1.44	1.41	1.38	1.36
23	1.90	1.94	1.71	1.60	1.53	1.47	1.44	1.41	1.38	1.36
24	1.90	1.94	1.71	1.60	1.53	1.48	1.44	1.41	1.38	1.38
25	1.90	1.94	1.71	1.60	1.53	1.48	1.44	1.41	1.38	1.36
26	1.90	1.94	1.71	1.60	1.53	1.48	1.44	1.41	1.38	1.36
27	1.91	1.94	1.71	1.60	1.53	1.48	1.44	1.41	1.38	1.36
28	1.91	1.94	1.71	1.60	1.53	1.48	1.44	1.41	1.38	1.36
29	1.91	1.94	1.72	1.60	1.53	1.48	1.44	1.41	1.38	1.36
30	1.91	1.94	1.72	1.60	1.53	1.48	1.44	1.41	1.38	1.36

5.2.1.3 异常数据处理

（1）如果单个实验室试验结果变异系数 COV 不符合对应的限值要求，则该实验室应从以下方面进行问题排查，包括但不限于：

①设备校准和维护

实验室应检查并校准所有用于测试的设备，确保它们处于最佳工作状态。如果发现设备存在问题，应进行必要的维护或更换。

②方法验证

实验室应验证其测试方法的有效性，包括试样的处理、测试程序等，以确保方法的准确性和重复性。

③人员培训

如果人员操作可能导致结果异常，实验室应对其工作人员进行额外的培训，以提高他们的操作技能和一致性。

④实验室环境

检查并确保实验室环境条件符合测试要求，因为环境因素（如温度、湿度等）可能会影响测试结果。

⑤重新试验

如果实验室确定了导致 COV 超限值的具体原因，并采取了相应的纠正措施，可以申请重新进行试验。重新试验的条件应由项目工作组设定，以确保试验的公平性和一致性。

（2）工作组层面针对单个实验室的结果异常，可参考以下程序进行处理：

①确认测试规程

工作组应首先确认所有实验室是否遵循了统一的测试规程和方法。如发现任何不一致，应立即予以纠正并确保所有实验室都在相同的条件下进行。

②数据分析

工作组应对不符合限值要求的实验室数据进行分析，以确定导致问题发生的原因，包括对测试方法、设备、环境条件等方面的审查。

③专家评审

如果工作组内部无法确定原因，可邀请外部专家或行业内其他专业人士进行评审，以提供不同视角和专业知识。

④决定是否重新试验

工作组应基于上述分析决定是否需要重新进行试验。如果决定重新试验，应明确重新试验的条件，如试验时间、设备校准、样品准备等。

（3）在比对实施过程中，如果组织单位从收集到的试验结果中发现两家以上实验室结果出现相同的较大偏倚，组织单位可要求将样品返回参考实验室进行排查和样品稳定性确认。

5.2.2　比对结果评价

对于实验室比对试验结果的评价，通常使用指定值和比对评定标准差来计算标准化统计量进行评估。

5.2.2.1　比对试验结果的指定值

燃油蒸发污染物排放试验比对结果的指定值可根据实际比对方案由参考实验室的公义值确定，或者由所有参加比对的实验室的公义值进行确定。指定值的确定可利用统计方法进行，例如，使用格拉布斯（Grubbs）准则等统计方法剔除试验结果的离群值后计算平均值和标准差，以平均值和标准差作为指定值和比对评价标准差。也可采用稳健统计方法，稳健统计方法不需要剔除离群值。例如，使用中位值和标准化四分位距法，或《利用实验室间比对进行能力验证的统计方法》（GB/T 28043—2019）推荐的算法 A 和算法 S，计算中位值或稳健平均值作为指定值，计算标准化四分位距、稳健标准差或标准差的稳健联合值作为比对评价标准差。

（1）比对实验室数量较少的情况

如果参加比对试验的实验室数量较少，理想状态下宜使用独立于参加者的有效试验来确定指定值，如由参考实验室确定。如果无法指定参考实验室，则应根据参加者的试验结果确定指定值和比对试验结果评价标准差。这时需要使用剔除离群值后的参比实验室的燃油蒸发污染物试验结果的平均值作为比对试验结果的指定值，燃油蒸发污染物试验结果平均值的标准差作为比对评价标准差。

参照《测量方法与结果的准确度（正确度与精密度）》（GB/T 6379.2—2004）中关于离群值的格拉布斯检验方法，将每个参比实验室燃油蒸发污染物排放测试结果的平均值 $x_{(i)}$（$i=1,2,\cdots,p$）按测试结果大小升序排列组成数组 x，使用格拉布斯检验最大值 $x_{(p)}$ 是否为离群值，依据的统计量 G_p 计算方法如下：

$$G_p = \frac{\left(x_{(p)} - \bar{x}\right)}{s} \tag{5.15}$$

式中：

$$\bar{x} = \frac{1}{p}\sum_{i=1}^{p} x_{(i)} \tag{5.16}$$

$$s = \sqrt{\frac{1}{p-1}\sum_{i=1}^{p}\left(x_{(i)} - \bar{x}\right)^2} \tag{5.17}$$

检验最小值 $x_{(1)}$ 是否为离群值时，依据的统计量 G_1 计算方法如下：

$$G_1 = \frac{\left(\bar{x} - x_{(1)}\right)}{s} \tag{5.18}$$

格拉布斯检验的临界值如表 5.4 所示。

①如果检验统计量小于或等于 5% 临界值，则接受被检验量为正确值。5% 临界值是指离均值最远的试验结果为离群值的概率为 5% 时的统计量限值。

②如果检验统计量大于 5% 临界值，但小于或等于 1% 临界值，则被检验量称为歧离值。1% 临界值是指离均值最远的试验结果为离群值的概率为 1% 时的统计量限值。

③如果检验统计量大于 1% 临界值，则被检验量为离群值。

表 5.4　格拉布斯检验的临界值

实验室数量	一个最大值或一个最小值 G_p	
p	上 1% 点	上 5% 点
3	1.155	1.155
4	1.496	1.481
5	1.764	1.715
6	1.973	1.887
7	2.139	2.02
8	2.274	2.126
9	2.387	2.215
10	2.482	2.290
11	2.564	2.355
12	2.636	2.412
13	2.699	2.462
14	2.755	2.507
15	2.806	2.549
16	2.852	2.585
17	2.894	2.620
18	2.932	2.651
19	2.968	2.681
20	3.001	2.709
21	3.031	2.733
22	3.060	2.758
23	3.087	2.781
24	3.112	2.802
25	3.135	2.822
26	3.157	2.841
27	3.178	2.859
28	3.199	2.876
29	3.218	2.893
30	3.236	2.908

如果试验结果中存在离群值，则将离群值剔除后计算剩余实验室燃油蒸发污染物排放试验结果的平均值，并将其作为指定值。

（2）比对实验室数量较多的情况

如参加比对试验的实验室数量较多，且比对方案中有指定的参考实验室，则以参考实验室燃油蒸发污染物排放试验结果的平均值或者稳健均值作为比对试验结果评价的指定值。当参与比对的实验室超过 3 家时，建议指定最先开始进行试验的先导实验室作为参考实验室。

如果未指定参考实验室，则用所有参与比对的实验室的燃油蒸发污染物排放试验结果的平均值或稳健均值作为指定值。直接使用试验结果的平均值作为指定值时，需参照 5.2.2.1（1）中的方法，剔除离群值后再进行计算。计算指定值的方法主要有以下 4 种：

①平均值和标准差法

所有实验室试验结果的平均值按式（5.19）计算：

$$X=\frac{\sum_{1}^{p}x_p}{p} \tag{5.19}$$

$$s=\sqrt{\frac{\sum_{1}^{p}\left(x_p-X\right)^2}{p-1}} \tag{5.20}$$

式中：X——参与计算的实验室燃油蒸发污染物排放试验结果的平均值；

s——参与计算的实验室燃油蒸发污染物排放试验结果平均值对应的标准差；

x_p——单个实验室燃油蒸发污染物 n 次重复试验结果的平均值；

p——参与计算的实验室数量。

②中位值和标准化四分位距法

中位值和标准化四分位距是一种简单的稳健统计方法，中位值和标准化四分位距是试验结果集中和分散的度量，与平均值和标准差相似。将每个实验室燃油蒸发污染物排放试验结果的平均值 $x_{(i)}$ 组成的数组 x（i=1,2,⋯,p），按测试结果的大小升序排列，计算这些数据的中位值 [med(x)]。

$$\mathrm{med}(x)=\begin{cases}x_{\frac{p+1}{2}},\ p\text{为奇数}\\ \dfrac{x_{\frac{p}{2}}+x_{\frac{p}{2}+1}}{2},\ p\text{为偶数}\end{cases} \tag{5.21}$$

按式（5.22）计算标准化四分位距（NIQR）：

$$\begin{aligned}\mathrm{IQR}&=Q_3-Q_1\\ \mathrm{NIQR}&=0.741\,3\times\mathrm{IQR}\end{aligned} \tag{5.22}$$

式中：IQR——四分位距；

Q_1——居于 25% 分位数的数据；

Q_3——居于 75% 分位数的数据。

根据以上方法计算的中位值作为比对结果的指定值，NIQR 作为比对结果的标准差进行比对结果评价。

③算法 A

将每个参考实验室燃油蒸发污染物排放试验结果的平均值 $x_{(i)}$ 组成数组 x（i=1, 2, ⋯, p，按测试结果的大小升序排列），数组的稳健平均值和稳健标准差记为 x^* 和 s^*。

计算 x^* 和 s^* 的初始值如下（med 表示中位数）：

$$x^*=\mathrm{med}\{x_i\}\ (i=1,2,\cdots,p) \tag{5.23}$$

$$s^*=1.483\times\mathrm{med}\{|x_i-x^*|\}\ (i=1,2,\cdots,p) \tag{5.24}$$

根据以下步骤更新 x^* 和 s^*：

$$\delta=1.5s^* \tag{5.25}$$

对每个 x_i（i=1, 2, ⋯, p），计算：

$$x_i^*=\begin{cases}x^*-\delta,\ \text{若}x_i<x^*-\delta\\ x^*+\delta,\ \text{若}x_i>x^*+\delta\\ x_i,\ \text{其他}\end{cases} \tag{5.26}$$

再由式（5.27）、式（5.28）计算 x^* 和 s^* 新的取值：

$$x^* = \frac{\sum x_i^*}{p} \tag{5.27}$$

$$s^* = 1.134\sqrt{\sum\left(\frac{x_i^* - x^{*2}}{p-1}\right)} \tag{5.28}$$

稳健估计值 x^* 和 s^* 可由迭代计算得出，直至该过程收敛。当稳健标准差和稳健均值的第三位有效数字在连续两次迭代中不再变化时，即可认为过程收敛。

根据以上程序计算的稳健估计值 x^* 作为比对结果的指定值，稳健标准差 s^* 作为比对结果的标准差进行比对结果评价。

④算法 S

算法 S 用于计算标准差或极差，可推出标准差或极差的稳健联合值。与算法 A 类似，迭代若干次后最终获得标准差或极差的稳健估计值，计算步骤如下：

将 p 个实验室燃油蒸发污染物排放 n 次重复试验结果的极差或标准差数据以升序排列，表示为

$$w_1, w_2, \cdots, w_i, \cdots, w_p \tag{5.29}$$

稳健联合值记为 w^*，每个 w_i 对应的自由度为 v。当 w_i 为极差时，v=1。当 w_i 为 n 次试验结果的标准差时，v=n−1。根据表 5.5 查得算法所需的 ξ 和 η。

计算 w^* 的初始值如下（med 表示中位数）：

$$w^* = \text{med}\{w_i\}, (i = 1, 2, \cdots, p) \tag{5.30}$$

按以下步骤更新 w^*：

$$\psi = \eta \times w^* \tag{5.31}$$

对于每个 w_i，计算：

$$w_i^* = \begin{cases} \psi, & 若 w_i > \psi \\ w_i, & 其他 \end{cases} \tag{5.32}$$

计算新的 w^*：

$$w^* = \xi \sqrt{\sum \frac{(w_i^*)^2}{p}} \tag{5.33}$$

稳健估计值 w^* 可由迭代算法得到，即不断更新 w^*，直至过程收敛。当稳健估计值的第三位有效数字连续两次迭代后数值不再变化时，即可认为过程收敛。

表 5.5　算法 S 的稳健分析因子

自由度 ν	限系数 η	修正系数 ξ
1	1.645	1.097
2	1.517	1.054
3	1. 444	1.039
4	1.395	1.032
5	1.359	1.027
6	1.332	1.024
7	1.310	1.021
8	1.292	1.019
9	1.277	1.018
10	1.264	1.017

注：ξ 和 η 由《测量方法与结果的准确度（正确度与精密度）第 5 部分：确定标准测量方法精密度的可替代方法》（GB/T 6379.5—2006）的附录 B 导出。

5.2.2.2　比对结果评定统计量的计算

用于比对结果评定的统计量应符合燃油蒸发污染物排放比对试验计划的目标。通常使用的统计量有 z 比分数和 E_n 值。其中，E_n 值是在试验设备校准领域进行比对验证时常用的统计量，也可以用于其他类型的比对验证。

（1）z 比分数方法

比对结果评价采用 z 比分数方法进行评价，即

$$z_i = \frac{x_i - x_{pt}}{s_{pt}} \tag{5.34}$$

式中：x_i——参比单位 n 次检验结果的平均值；

x_{pt}——比对结果评价的指定值；

s_{pt}——比对结果评价的标准差。

对于 z 值，通常保留小数点后两位有效数字。

（2）E_n 值方法

对于指定值由参考实验室确定，或依据所有参与单位的试验结果使用稳健方法评估后确定的，如果对用于确定指定值的试验结果以及所有参与单位试验结果均进行了不确定度评估，比对结果可采用 E_n 值进行评价。

$$(E_n)_i = \frac{x_i - x_{pt}}{\sqrt{U^2(x_i) + U^2(x_{pt})}} \tag{5.35}$$

式中：x_i——参比单位 n 次检验结果的平均值；

x_{pt}——比对结果评价的指定值；

$U(x_i)$——参比实验室测试结果的扩展不确定度；

$U(x_{pt})$——指定值的扩展不确定度。

在根据参比实验室测试结果确定指定值和稳健标准差时，可认为指定值的不确定度来源于测试样车、试验设备和试验操作的不稳定性带来的影响。$U(x_{pt})$ 按式（5.36）进行计算：

$$U(x_{pt}) = 1.25 \times \frac{s^*}{\sqrt{p}} \tag{5.36}$$

式中：s^*——根据 5.2.2.1 确定的比对结果评价的稳健标准差；

p——参与结果统计的实验室数量。

5.2.2.3 比对结果的评价

（1）z 比分数方法

使用 z 比分数进行比对结果评价时，评价方法如下：

①当 $|z|\leqslant 2$ 时，检验结果可接受；

②当 $2<|z|<3$ 时，检验结果存在问题，检查导致结果偏差较大的原因；

③当 $|z|\geqslant 3$ 时，检验结果不可接受。

假设有能力的实验室进行正确操作所得测量结果服从均值为 X 和标准差为 s 的正态分布（必要时需经过变换），那么 z 值将服从均值为 0、标准差为 1.0 的正态分布。此时，预期只有大约 0.3% 的值会超出 -3.0～3.0，只有大约 5% 的值会超出 -2.0～2.0，因此使用 2.0 和 3.0 作为 z 比分数的临界值。

（2）E_n 值方法

使用 E_n 值进行比对结果评价时，评价方法如下：

①当 $|E_n|\leqslant 1$ 时，检验结果满意；

②当 $|E_n|>1$ 时，检验结果不满意，需要查明原因，并采取适当的纠正措施，以提高检测试验结果的准确性。

由于 E_n 值是两个单独（但相关）的能力度量的比率，应谨慎解释。其分子是参比实验室试验结果相对于指定值的偏差。如果参比实验正确地给出了 $U(x_i)$，并且比对试验组织者正确地给出了 $U(x_{pt})$，则其分母应是一个不小于分子的合成扩展不确定度。因此，当 $E_n>1.0$ 或 $E_n<-1.0$ 时，表明需要检查不确定度估计值，或检查试验结果是否存在问题；同样地，当 $-1.0<E_n<1.0$ 时，可判定比对试验结果合格。

5.3 不确定度评估

5.3.1 目的

比对试验中获得的测试结果可视作试验样车实际燃油蒸发污染物排放量的估计值，测量过程中的随机效应及系统效应均会导致测量不确定度。本章规定了测量不确定度的评定和表示方法，应用于此次测量结果不确定度评估。参比实验室应根据燃油蒸发污染物排放试验开展的实际情况，准确识别检测环节中的不确定度分量，选择适用的评估方法。

5.3.2 测量不确定度评估的基本程序

5.3.2.1 不确定度的来源

对不确定度进行评估时，应尽量找出不确定度的所有来源，评估各分量的不确定度，进而得到合成标准不确定度和扩展不确定度。试验过程中可能导致测量不确定度的因素较多，主要分为以下几个方面：

（1）被测量的定义不完整；

（2）复现被测量的测量方法不理想（测量方法与程序的规定不够严密，执行方法与规定的程序存在差异）；

（3）取样的代表性不足，即被测样本不能完全代表所定义的被测量；

（4）对试验条件中环境参数的测量与控制不全面（环境条件包括道路条件的不可控、不一致，如道路坡度、摩擦系数等，以及风速、温度、湿度和大气压力等）；

（5）对模拟式仪表的读数存在人为偏移；

（6）测量仪器的计量特性（如最大允许误差、灵敏度、鉴别力、分辨力、死区及稳定性等）；

（7）测量标准或标准物质的不确定度；

（8）引用的数据或其他参数的不确定度；

（9）测量方法和测量程序的近似和假设；

（10）在相同条件下被测量在重复观测中的变化（包括被测对象的短期不稳定，如发动机转速不稳定影响车速、油耗、排放等的稳定）。

测量不确定度的来源必须根据实际测量情况进行具体分析。除定义的不确定度外，还应考虑测量仪器、测量环境、测量人员、测量方法等方面，对测量结果影响较大的不确定度来源应特别注意，做到不遗漏、不重复。

测量中的失误或突发因素不属于测量不确定度的来源，在测量不确定度评定中，应剔除试验结果中的离群值（异常值）。

5.3.2.2　数学模型的建立

被测量的测量模型一般根据物理原理确定。对于不能或不适宜用物理原理确定的，应尽可能采用依据长期积累数据建立的经验模型。

分析测量不确定度时，测量模型中的每个输入量的不确定度均为输出量不确定度的来源。在建立满足测量不确定度评估要求的数学模型时，要建立被测量 Y 与所有各影响因素 X_i（i=1,2,⋯,X_n）间的函数关系，一般形式可写为

$$Y=f(X_1,X_2,\cdots,X_n) \tag{5.37}$$

式中：Y——被测量或输出量；

X_i——输入量。

若被测量 Y 的估计值为 y，输入量 X_i 的估计值为 x_i，则有

$$y=f(x_1,x_2,\cdots,x_n) \tag{5.38}$$

输出量 Y 的每个输入量 $X_1,X_2,\cdots,X_n$ 本身可以看作被测量，其数值也取决于其他变量，还可包括相应修正值或修正因子，从而可能导出十分复杂的函数关系，以致测量函数 $f(x)$ 不能以显式表示。

测量模型中的输入量既可以是试验直接测得的结果，也可以由外部来源直接引入。有些输入虽然对测量结果有影响，但由于信息不足，不能定量计算出其对测量结果影响的大小，这些输入量将不会出现在测量结果的计算公式中，一个典型的例子是测量结果重复性引入的不确定度。有些输入量由于对测量结果的影响很小而被忽略，也不会出现在测量结果的计算公式中，但需要考虑它们对测量结果不确定度的影响。

5.3.2.3　标准不确定度的评定

标准不确定度是指以概率分布的标准偏差估计值表征的测量不确定度。

（1）标准不确定度的 A 类评定

A 类评定利用在规定的测量条件下获得的测量值，采用统计分析方法对测

量不确定度分量进行评估。

当用算术平均值$\bar{x}$作为被测量的估计值时，被测量估计值的A类标准不确定度按式（5.39）计算：

$$u_{\mathrm{A}}=u(\bar{x})=s(\bar{x})=\frac{s(x)}{\sqrt{n}} \tag{5.39}$$

式中：u_{A}——A类标准不确定度；

$s(x)$——标准偏差；

n——被测量的观测次数。

当测量次数较多时，多次测量中存在相关的随机效应，上述平均值和平均值的实验标准偏差不适用于标准不确定度评定，此时可按贝塞尔公式法计算标准偏差。

在重复性或复现性试验条件下对同一被测量独立重复观测n次，得到n个测量值x_i（$i=1,2,\cdots,n$），被测量X的最佳估计值是n个独立测得值的算术平均值$\bar{x}$，则

$$\bar{x}=\frac{1}{n}\sum_{i=1}^{n}x_i \tag{5.40}$$

单个测得值x_k的实验方差$s^2(x_k)$按式（5.41）计算：

$$s^2(x_k)=\frac{1}{n-1}\sum_{i=1}^{n}(x_i-\bar{x})^2 \tag{5.41}$$

单个测得值x_k的实验标准差$s(x_k)$按式（5.42）计算：

$$s(x_k)=\sqrt{\frac{1}{n-1}\sum_{i=1}^{n}(x_i-\bar{x})^2} \tag{5.42}$$

被测量估计值$\bar{x}$的A类标准不确定度$u_{\mathrm{A}}(\bar{x})$按式（5.43）计算：

$$u_{\mathrm{A}}(\bar{x})=s(\bar{x})=\frac{s(x_k)}{\sqrt{n}}=\sqrt{\frac{1}{n(n-1)}\sum_{i=1}^{n}(x_i-\bar{x})^2} \tag{5.43}$$

一般在测量次数较少时，可采用极差法评定获得$s(x_k)$。在重复性或复现性试验条件下，对同一被测量独立重复观测n次，测得值中的最大值与最小值

之差称为极差，用符号 R 表示。如果可以估计被测量 x_i 接近正态分布，单次测量结果 x_k 的实验标准差 $s(x_k)$ 可按式（5.44）计算：

$$s(x_k)=\frac{R}{C} \tag{5.44}$$

式中：R——测量结果的最大值和最小值之差；

C——极差系数。

极差系数 C 和自由度 v 可根据表 5.6 得到。

表 5.6 极差系数 C 及自由度 v

项目	n										
	2	3	4	5	6	7	8	9	10	15	20
C	1.13	1.69	2.06	2.33	2.53	2.70	2.85	2.97	3.08	3.47	3.73
v	0.9	1.8	2.7	3.6	4.5	5.3	6.0	6.8	7.5	10.5	13.1

被测量估计值的标准不确定度按式（5.45）计算：

$$u_A(\bar{x})=s(\bar{x})=\frac{s(x_k)}{\sqrt{n}}-\frac{R}{C\sqrt{n}} \tag{5.45}$$

（2）标准不确定度的 B 类评定

B 类评定的方法是根据有关信息或经验，判断被测量的可能值区间 $[\bar{x}-a, \bar{x}+a]$，假设被测量的值的概率分布，根据概率分布和概率 p 确定 k，则 B 类标准不确定度 u_B 按式（5.46）计算：

$$u_B=\frac{a}{k} \tag{5.46}$$

式中：a——区间半宽度；

k——置信因子，当 k 为扩展不确定度的倍乘因子时，称为包含因子。

1）区间半宽度 a 一般根据以下信息确定：

①之前的测量数据。

②对有关技术资料和仪器特性的经验或了解。

③生产厂提供的技术说明书。例如，当生产企业提供的测量仪器最大允许

误差为 $\pm\Delta$，经计量部门检定合格，区间半宽度 $a=\Delta$。

④校准证书、检定证书或其他文件提供的数据。例如，当校准证书中给出扩展不确定度 U 时，区间半宽度 $a=U$。

⑤手册或某些资料给出的参考数据。例如，由手册查出所用的参考数据最大允许误差为 $\pm\Delta$，区间半宽度 $a=\Delta$。当有关资料表明某参数最小可能值为 a_-，最大可能值为 a_+，最佳估计值为该区间的中点，则区间半宽度可估计为 $a=(a_+-a_-)/2$。

⑥检定规程、校准规范或测试标准中给出的数据。例如，当测量仪器给出准确度等级时，可以根据检定规程规定的该等级的最大允许误差得到对应的区间半宽度。

⑦其他相关信息。

2）置信因子 k 由以下方法确定：

①已知扩展不确定度是合成标准不确定度的若干倍时，该倍数就是包含因子 k；

②假设正态分布时，根据要求的概率查表 5.7 得到 k；

③假设非正态分布时，根据概率分布查表 5.8 得到 k。

表 5.7　正态分布下概率 p 与置信因子 k 的关系

p/%	50	68	90	95	95.45	99	99.73
k	0.675	1	1.645	1.960	2	2.576	3

表 5.8　非正态分布时的置信因子

分布类别	p/%	k
三角	100	$\sqrt{6}$
梯形	100	2
矩形（均匀）	100	$\sqrt{3}$
反正弦	100	$\sqrt{2}$
两点	100	1

3）概率分布按以下情况假设：

①被测量受许多随机量影响，当它们各自的效应同等量级时，无论各影响量的概率分布是哪种形式，被测量的随机变化都近似正态分布。

②如果证书或报告给出的不确定度是具有包含概率为 0.95、0.99 的扩展不确定度 U_p（给出 U_{95}/U_{99}），此时除非另有说明，可按正态分布来评定。

③当利用相关信息或经验估计出被测量区间的上限和下限，其值在区间外的可能性几乎为零时，若被测值落在该区间内任意值处的可能性相同，则可假设为均匀分布（或称矩形分布、等概率分布）；若被测值落在该区间中心的可能性最大，则假设为三角分布；若被测值落在该区间中心的可能性最小，而落在该区间上限和下限的可能性最大，则可假设为反正弦分布。

④当被测量是两个不同大小的均匀分布合成时，可假设为梯形分布。

⑤当对被测量落在区间内的情况缺乏了解时，一般假设为均匀分布。

⑥在实际工作中，可依据同行专家的研究结果或经验来假设概率分布。

（3）合成标准不确定度的计算

当被测量 Y 由 N 个其他量 $X_1,X_2,\cdots,X_N$ 通过线性函数 $f(x)$ 确定时，被测量的估计值 y 可以用式（5.47）表示：

$$y=f(x_1,x_2,\cdots,x_n) \tag{5.47}$$

被测量的估计值 y 的合成标准不确定度 $u_c(y)$ 按通用公式计算：

$$u_c(y)=\sqrt{\sum_{i=1}^{N}\left[\frac{\partial f}{\partial x_i}\right]^2 u^2(x_i)+2\sum_{i=1}^{N-1}\sum_{j=i+1}^{N}\frac{\partial f}{\partial x_i}\frac{\partial f}{\partial x_j}r(x_i,x_j)\,u(x_i)\,u(x_j)} \tag{5.48}$$

式中：y——被测量的估计值；

x_i——输入量 X_i 的估计值；

$\frac{\partial f}{\partial x_i}$——函数 $f(x)$ 对于输入量 x_i 的偏导数，也称为灵敏系数，也可用 c_i 表示；

$u(x_i)$——输入量 x_i 的标准不确定度；

$r(x_i,x_j)$——输入量 x_i 与 x_j 的相关系数。

当各输入量之间不相关时，相关系数为零，此时 y 的合成标准不确定度 $u_c(y)$ 按式（5.49）计算：

$$u_c(y)=\sqrt{\sum_{i=1}^{N}\left[\frac{\partial f}{\partial x_i}\right]^2 u^2(x_i)} \tag{5.49}$$

当输入量之间相关时，需要考虑它们的协方差 $u(x_i,x_j)$，其计算方法如下：

$$u(x_i,x_j)=r(x_i,x_j)\,u(x_i)\,u(x_j) \tag{5.50}$$

（4）扩展不确定度的计算

扩展不确定度是被测量可能值包含区间的半宽度。扩展不确定度分为 U 和 U_p 两种。在给出测量结果时，一般情况下报告扩展不确定度 U。当要求扩展不确定度所确定的区间具有接近规定的包含概率 p 时，扩展不确定度用符号 U_p 表示，当 p 为 0.95 或 0.99 时，分别表示为 U_{95} 和 U_{99}。

扩展不确定度按式（5.51）计算：

$$U=ku_c(y) \text{ 或 } U_p=k_pu_c(y) \tag{5.51}$$

式中：U、U_p——扩展不确定度；

k、k_p——包含因子；

$u_c(y)$——合成标准不确定度。

被测量的最终测量结果可表示为

$$Y=y \pm U \text{ 或 } Y=y \pm U_p \tag{5.52}$$

对于机动车排放领域的大多数检测，如无特殊要求，可直接赋予 k 值，不需要考虑自由度及分布情况。当 k=2 时，扩展不确定度 $U=2u_c(y)$ 确定的区间具有包含概率 $p\approx0.95$；当 k=3 时，扩展不确定度 $U=3u_c(y)$ 确定的区间具有包含概率 $p\approx0.99$。

若被测量接近某种已知的非正态分布，如矩形分布、三角分布等，由分布的概率密度函数及所规定的包含概率可以计算出包含因子 k_p。矩形分布的包含因子 k_{95}=1.65、k_{99}=1.71，三角分布的包含因子 k_{95}=1.90、k_{99}=2.20。

5.3.3　测量不确定度的表示与报告

5.3.3.1　扩展不确定度的报告

扩展不确定度有两种表示方式，即 U 或 U_p。采用何种表示方式取决于包含因子的获得方式。当包含因子是根据被测量的分布并由规定的包含概率计算得到，用 U_p 表示；当包含因子的数值为设定值时，则用 U 表示。一般采用的包含概率为 99% 和 95%，多数情况下采用 95%。扩展不确定度应报告包含因子（k 为 2 时可以省略）。

5.3.3.2　报告的形式和位数

U 或 U_p 可用相对或绝对形式报告不确定度。最后结论中合成标准不确定度和扩展不确定度，小数点后保留两位有效数字。

5.4　结果展示与解读

5.4.1　结果展示方式

比对试验结果通常用统计表、条形图等形式展示。比对试验组织者可绘制比对结果评分条形图。在图中使用 z 比分数或 E_n 值等比对评价统计量具有显著优点，它们可在图的坐标轴中描点，从而简化了其表示和解释。图形的绘制应方便比对试验参加者直观地看到自己的试验结果与其他参加者结果的关系。可用字母或数字编号表示参加者，以便每个参加者能够辨认自己的试验结果，但不能辨认其他参加者的试验结果。图示还可以方便比对试验组织者或认可机构，使他们能判断整个比对验证计划的有效性，并确定是否需要重新核查比对评价准则。

标准化评分的条形图适合于将一些相似特性的 z 值展示在同一绘图中，它可以显示某个参加者的所有 z 值是否存在一些共同特征。例如，若某个参加者

得到较高的 z 值，则表明其能力较差，如图 5.1 所示。

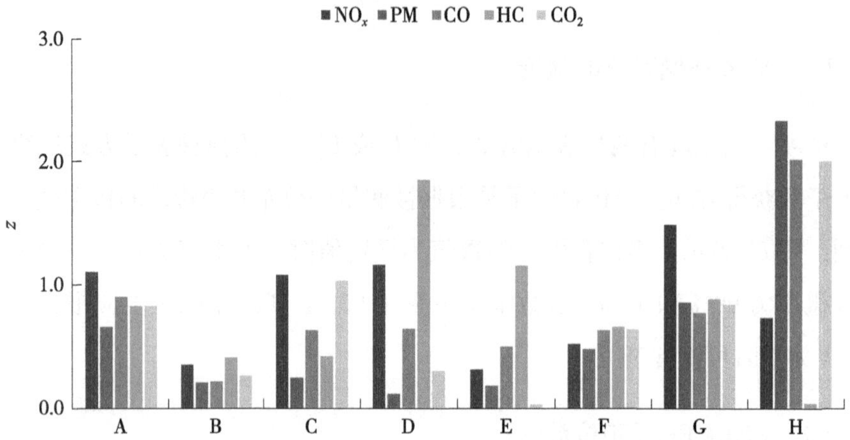

A—参比单位 1；B—参比单位 2；C—参比单位 3；D—参比单位 4；
E—参比单位 5；F—参比单位 6；G—参比单位 7；H—参比单位 8

图 5.1　比对评价指标 z 值示例

也可以使用试验结果重复性和再现性评估依据的 h 值和 k 值绘制条形图。图 5.2 可以直观地展示每家实验室的不同污染物测量结果与所有实验室测量结

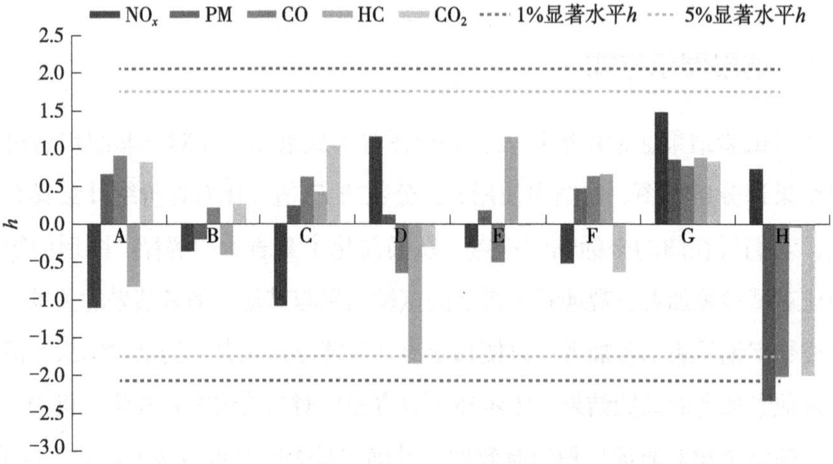

A—参比单位 1；B—参比单位 2；C—参比单位 3；D—参比单位 4；
E—参比单位 5；F—参比单位 6；G—参比单位 7；H—参比单位 8

图 5.2　试验结果 h 值

果的偏差情况；图 5.3 可以比较直观地展示每家实验室不同污染物测量的重复性水平与整体实验室重复性水平的差异。

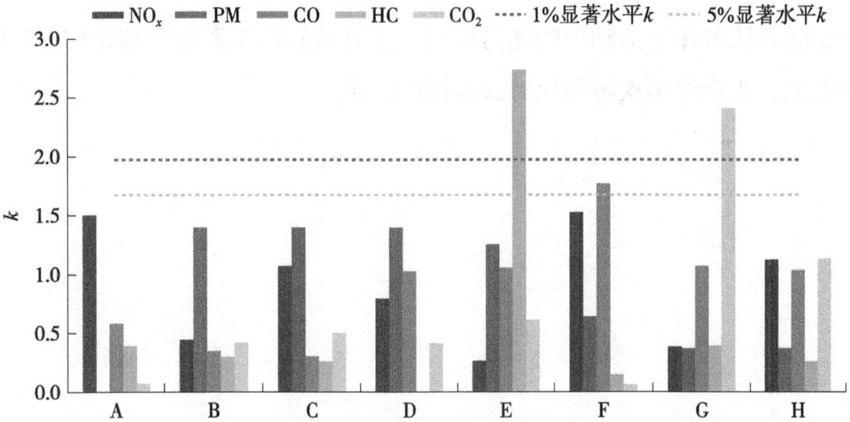

A—参比单位 1；B—参比单位 2；C—参比单位 3；D—参比单位 4；
E—参比单位 5；F—参比单位 6；G—参比单位 7；H—参比单位 8

图 5.3　试验结果 k 值

5.4.2　结果解读方式

比对试验完成后，比对试验组织者应全面解读比对结果，包括数据一致性评价、离群值分析、趋势分析等，找出可能存在的问题和改进方向。

针对比对结果应进行实验室间重复性和再现性统计，对统计结果进行整体描述，了解不同污染物各实验室重复性整体水平，确认哪些实验室重复性偏差较小，哪些实验室重复性偏差较大。对于实验室之间的偏差情况，找出哪些实验室相对于所有实验室整体结果偏差较大等。对于实验室污染物排放测量结果评价为可疑或者不满意的，应认真审查原因，提高检测水平。

5.4.3　结果应用建议

根据比对结果，比对试验组织者应提出针对性的改进措施和建议，提高参比实验室检测水平和数据质量。实验室间的比对试验活动可作为比对验证的一种形式，目的在于提升参与单位的检测技术能力，识别参与单位在比对活动中的样品处理、数据处理及结果报告等方面存在的问题，发掘实验室检测能力改进的方向。在比对活动中获得满意结果的参与单位，可将评审结论作为其CNAS能力认可评审活动中的能力证明。比对试验组织者应总结比对过程中的经验教训，为后续再次组织比对试验提供指导。

第 6 章

问题分析与改进

6.1　识别结果差异的潜在原因

当比对试验参与单位的测试结果与指定值相比出现较大偏离时，实验室应分析试验结果以确认发生偏离的原因，并采取相应措施解决发现的问题。在查找产生离群测试结果的原因时，可从“人、机、料、法、环”等方面进行分析。

6.1.1　人员技能差异

实验室内参与比对试验的工作人员应接受过轻型国六排放标准的检验检测能力培训，具备开展车辆燃油蒸发污染物排放测试的能力。

当试验结果与指定值相比出现较大偏离，或重复试验结果的标准差较大时，可从以下方面排查与试验人员相关的潜在原因：

①操作人员的工作程序是否满足比对活动指南的要求。例如，试验开始前操作人员是否按要求对车辆、炭罐进行了预处理；试验过程中是否严格按照标准的要求控制边界条件、浸车时间等；试验结束后的结果测量和标定操作是否符合相关规定。

②操作人员在比对试验开始前是否对相关设备设置了合理的工作参数。例如，试验人员是否选择了合适的排气分析仪测量量程。

③操作人员在比对试验正式开始前是否对密闭室内的背景浓度进行了充分的吹扫。

④操作人员在比对试验后是否对分析设备进行了标定和漂移检查。

6.1.2　设备校准与维护

实验室的测试设备应按要求定时进行校准和维护保养。当比对试验的结果出现较大程度偏离时，相关实验室可从以下方面排查与试验设备相关的潜在原因：

①检查试验相关设备是否在检定有效期和保养周期内。

②检查试验过程中相关设备是否出现过报错信息。

③检查测试设备是否存在泄漏情况，如分析仪采样管接头处是否漏气。

④检查排放分析仪的滤芯是否定时更换或清洁。

⑤检查排放分析仪试验前后的气体标定结果是否符合要求。

6.1.3 样品处理与制备

比对试验样车在测试正式开始前应按照比对作业指导书的要求对样车进行处理和维护。当测试结果出现较大程度偏离时，相关实验室可从以下方面排查与样车处理和维护相关的潜在原因：

①检查车辆是否按照比对作业指导书的相关要求进行放油、充电和浸车。

②检查车辆在试验过程中是否运转正常，使用 OBD 通用诊断仪读取故障诊断信息。

③检查车辆的运转条件是否满足生产企业的要求，如润滑油液位、胎压等条件。

④检查试验过程中车辆是否存在漏气情况，如果怀疑存在泄漏，应对发动机本体及相关连接管路进行气密性测试。

6.1.4 环境条件变化

进行比对试验时，应严格按照比对作业指导书的要求对试验环境和试验边界条件进行控制。当测试结果出现较大程度偏离时，相关实验室可从以下方面排查与试验环境变化相关的潜在原因：

①检查车辆的试验边界条件是否满足比对作业指导书的要求，如环境温度、湿度、冷却液（或机油）温度等试验条件是否满足要求。

②检查环境条件是否会对测试结果产生较大影响。如环境中的碳氢化合物（THC）浓度是否在正常范围内。

6.1.5 标准物质、耗材等

进行比对试验时，使用的标准物质和试验耗材应满足比对作业指导书的要求。当测试结果出现较大程度偏离时，相关实验室可从以下方面排查与标准物质和耗材相关的潜在原因：

①检查车辆试验用的燃料是否为基准燃料，是否满足比对作业指导书的相关要求。

②检查车辆试验用的润滑油规格是否满足比对作业指导书的相关要求。

③检查排放分析仪使用的标气是否过期，是否满足比对作业指导书的相关要求。

④检查比对试验使用的反应剂是否满足比对作业指导书的要求。

6.2 改进措施

对发现的可能导致试验结果出现较大偏差的原因，应根据实验室的具体情况采取针对性的改进措施。

6.2.1 人员培训

实验室应对比对活动中出现的与人员操作相关的问题进行总结，针对发现的问题，为试验人员制订培训计划，培训合格方能进行燃油蒸发污染物排放试验相关的测试操作。培训内容应包含以下几个方面：

①开展轻型国六排放标准和实施细则解读培训，增强试验人员对国六燃油蒸发污染物排放标准和相关检测项目试验流程的理解。

②开展实验室内检验检测相关设备培训，增强试验人员对检测设备工作原理、使用方法、维护保养要求等方面的理解，确保试验人员能及时发现并处理试验过程中测试设备所出现的问题。

③开展检测项目测试结果的计算方法及计算原理培训，增强试验人员对测试数据处理过程的理解，确保试验人员能对试验结果的合理性进行及时准确的判断。

6.2.2 设备管理

实验室内的检测设备应定期进行检定和维护保养。每次比对试验工作开始前，应对测试设备的工作状态进行检查，按时记录并更新实验室设备的使用情况。

6.2.2.1 燃油蒸发密闭室

当比对试验的测量结果出现较大偏差时，可从以下方面排查问题：

①检查燃油蒸发密闭室的背景 THC 浓度，如果背景浓度超过 5.5 ppm，应暂停后续试验。

②检查燃油蒸发密闭室进行热浸试验和昼夜试验时的温度控制能力，如果试验过程中密闭室内的温度超出标准允许的偏差范围，应检查密闭室和温度控制系统。

6.2.2.2 排放测量分析系统

当比对试验的测量结果出现较大偏差时，可从以下方面排查问题：

①检查排放分析仪近期的转化效率和线性核查结果。若出现不合格项，需要重新进行标定核查。

②检查排放分析仪是否在保养周期内。若分析仪超出保养周期，应立即对排放分析仪重新进行保养。

③检查比对试验前后的排放分析仪标定结果，是否出现前后标定结果偏差超出比对试验指南要求的情况，可根据实际情况重新进行“零气”和“量程气”标定。

④检查标气的量程与比对车辆实际燃油蒸发污染物排放值的差异，确保使用与车辆实际燃油蒸发污染物排放值大小最接近，且大于蒸发污染物排放值的量程气进行标定。

6.2.3 标准化操作

实验室应参照轻型国六排放标准的要求，根据实验室内部的具体情况制定燃油蒸发污染物排放试验相关的标准化操作流程。流程应涵盖设备使用、样车检查以及试验操作等方面：

①制定样车检查表格，每次试验前按照表格要求检查样车是否存在电瓶电量不足、胎压异常、机油液位低等情况。

②制定试验相关设备的操作使用说明。每次试验前按照说明文件对测试设备，如密闭室、碳氢分析仪、炭罐预处理系统等的状态进行检查，并按要求操作相关设备。

③制定燃油蒸发污染物排放试验相关的车辆运转循环程序的操作说明，确保试验人员严格按流程操作，避免操作问题导致的试验结果偏离。

6.2.4 环境监控

实验室应具备对环境条件和试验边界条件进行监控和控制的能力，严格按照比对作业指导书的相关要求控制试验的边界条件和环境条件，避免因试验条件而导致的测试结果偏差。应确保下列试验条件处于合理范围：

①密闭室内湿度处于合适范围，过高或过低的进气湿度对 THC 测量有较大影响，容易导致试验结果出现偏离。

②保持实验室内部的进排风系统正常运转，避免 THC 背景浓度过高，干扰燃油蒸发污染物排放试验测量结果。

6.3 持续改进计划

6.3.1 定期评估

比对活动中出现测试结果偏离较大的实验室，在采取针对性的改进措施后，还需要定期对改进效果进行评估，可以选择与 2 家或 2 家以上在比对活动中检测结果合格的实验室开展比对试验，根据比对试验结果评估改进效果。

6.3.2 反馈机制

比对结果偏离较大的实验室需要针对具体原因采取改进措施，整改完成后需对整改效果进行评估。相关实验室需要将改进效果汇报给比对活动组织单位。

6.3.3 更新标准与方法

比对结果偏离较大的实验室需根据轻型国六排放标准实施细则更新实验室内部的测试方法和流程，同时可根据需要参考比对活动参考实验室的操作流程进行有针对性的改进。

6.3.4 建立持续改进机制

针对比对活动中出现的问题，相关实验室应制订短期和长期的改进计划。实验室内部应建立持续改进机制。定期进行机构内部实验室和机构间外部实验室间的比对活动，通过比对活动发现问题，进而加以改进，持续提升检测能力。

第7章

比对报告的编制及发布

7.1 确定报告结构

（1）封面

封面应包含比对活动报告标题、编撰单位、报告编号、报告日期等基本信息。

（2）摘要

摘要应简要介绍比对试验的目的、方法、主要试验结果和结论。

（3）引言

可视情况保留或删除该章节。引言部分一般应阐述开展实验室间燃油蒸发污染物排放比对试验的背景、目的和意义，以及比对试验的基本情况。可简要介绍对试验结果进行评定的相关理论和方法。

（4）方法

方法部分应详细描述比对试验的设计、实施和数据分析过程，包括试验方案、样车信息、测试设备、测试方法等。

（5）结果

结果部分应提供比对试验的数据和图表，包括原始数据、统计分析结果和对比分析结论等。图表应清晰易懂，附有必要的说明和注释。

（6）讨论

讨论部分应对比对结果进行深入分析，探讨影响结果的因素、存在的问题和改进措施。可以结合相关文献进行对比分析，进一步阐述比对试验的意义。

（7）结论

结论部分应总结比对试验的主要发现和成果，以及对实验室间比对的建议和展望。

（8）附录

附录部分提供比对试验的详细数据、图表、原始记录等辅助资料。

7.2 编写摘要

摘要应介绍轻型国六燃油蒸发污染物排放比对试验的目的、方法、主要结果和结论。编写摘要时应注意以下几点：

（1）重点突出

应突出比对试验的主要目标、方法和结论，便于了解报告的关键信息。

（2）语言简练

应使用简洁明了的语言，避免使用复杂的术语和冗长的句子。

（3）结构清晰

应遵循试验报告的基本结构，分别介绍比对试验的目的、方法、结果和结论。

（4）避免引用

不应包含对其他文献的引用，不干扰对报告内容的理解。

7.3 编写引言

引言部分应阐述实验室间燃油蒸发污染物排放比对试验的背景、目的和意义，以及比对试验开展的基本情况。可以简要介绍试验结果统计分析的相关理论和方法，以便理解后续内容。引言部分的内容可视比对试验的规模和开展情况增减，并非所有比对报告都必须包含引言章节。编写引言时应注意以下几点：

（1）背景介绍

应首先介绍比对试验的背景，阐明组织比对试验活动的现实意义和研究价值。可回顾之前的比对情况，为此次比对试验提供了哪些理论依据和经验借鉴。

（2）目标阐述

应明确说明通过比对试验所要解决的问题和开展比对试验活动的预期

目标。

（3）参比单位

应简单介绍参加此次比对试验的各实验室并进行编号，以便后续试验结果的呈现和评价。

（4）方法概述

应简要介绍比对试验所采用的组织方式、试验方法和技术要求，能使读者了解试验的基本框架和实施过程。

7.4 描述比对方法

应详细描述比对试验的方案设计、实施步骤和数据分析过程，包括试验方案、样车信息、测试设备、测试方法等。描述比对方法时应注意以下几点：

（1）详细描述

应详细描述比对试验的各个环节，比对试验如何组织并开展，使读者能够了解试验的具体操作步骤和流程。

（2）设计方案

应介绍比对试验的设计方案，包括试验类型、样车选择、比对指标等。

（3）实施过程

应描述比对试验的实施过程，包括试验时间、地点、设备、试验条件等。其中应详细说明试验的环境条件，如温度、湿度、大气压力、胎压、燃油蒸气压等，以确保试验的可重复性和可比性。要介绍使用的测试设备和仪器，如燃油蒸发密闭室、THC 分析仪、数据采集系统等。详细描述测试程序和步骤，如炭罐加载、加油和放油以及车辆的启动、运行、停止等过程的操作方法和注意事项，以确保试验的规范性和一致性。

（4）数据分析

应说明比对试验的数据分析方法，包括数据处理、统计方法、结果分析等。

7.5 呈现比对结果

结果部分应提供比对试验的数据和图表，包含原始数据、统计分析结果和评定结论等。图表应清晰易懂，附有必要的说明和注释。结果部分的文字描述应简洁明了，突出重点。在编写报告的结果部分时，应注意以下几点：

（1）数据完整性

应提供比对试验的全部数据，包括原始数据、处理后的数据和分析结果，确保数据的完整性和准确性。

（2）数据呈现方式

应选择合适的数据呈现方式，如表格、图表、文字等，使数据的表达更加直观。

（3）数据解读

应对数据进行简要解读，解释数据的含义、特点和可能的影响因素，帮助读者理解比对试验结果。

（4）结果对比

应对比不同实验室的测试结果，分析差异产生的原因和影响，为后续讨论和总结提供依据。

（5）结果验证

应验证比对试验的可靠性和有效性，如通过重复试验、对比分析等方式，确保比对结果的准确性。

7.6 讨论部分

讨论部分应对比对结果进行深入分析，探讨影响结果的因素、存在的问题及改进措施。可结合相关文献进行对比分析，进一步阐述比对试验的意义。讨论部分的内容应具有启发性和指导性。在撰写讨论部分时，应注意以下几点：

（1）结果分析

应深入分析比对结果，解释数据背后的原因和规律，挖掘比对试验的价值。

（2）因素探讨

应探讨影响比对结果的各种因素，如试验设计、样本选择、测试方法等，为制定改进措施提供依据。

（3）问题分析

应分析比对试验中存在的问题和不足，如数据偏差、试验误差等，提出解决这些问题的建议。

（4）文献对比

可以结合相关文献进行对比分析，进一步阐述比对试验的意义和价值。

（5）结论展望

应展望比对试验的未来发展趋势和前景，为后续进行类似的比对试验活动提供思路和方向。

7.7　结论部分

结论部分应总结比对试验的主要发现和成果，以及对开展实验室间燃油蒸发污染物排放比对测试活动的建议和展望。结论应具有概括性和导向性。撰写结论时应注意以下几点：

（1）试验结果概括

总结比对试验的主要结果，突出重点，使参比单位能够快速地了解试验的主要发现。

（2）比对成果阐述

应阐述比对试验取得的成果和价值，如提高了测试精度、优化了试验方法等。

（3）建议提出

应提出对实验室间比对的建议和展望，为后续的研究和实践提供指导和启示。

7.8 编制附录

附录部分提供比对试验的详细数据、图表、原始记录等辅助资料。编制附录时应注意以下几点：

（1）内容选择

附录部分应选择与报告密切相关的内容，如原始数据的详细记录、结果分析的计算过程等，为正文报告的数据和结论提供补充信息。

（2）格式规范

附录部分应遵循报告的格式要求，如字体、间距、图表等，确保附录的规范性和可读性。

（3）排序

附录部分依据与正文内容的逻辑关系和重要性进行排序，使参比单位能够更好地理解和利用附录内容。

（4）注释

附录部分应对容易产生歧义的内容进行注释，帮助参比单位理解附录内容的含义。

7.9 报告审阅和修改

完成报告初稿后应交由参比实验室审阅，并依据反馈意见进行修改，确保报告的质量和准确性。在审阅和修改过程中，应注意以下几点：

（1）审阅报告的完整性

①检查报告是否包含所有必需的章节和内容，如前言、概述、方法描述、结果分析、结论等。

②确认报告中的数据和信息是否齐全，如试验条件、测试设备、测试结果、统计分析等。

③查看报告的格式和排版是否规范，如标题、段落、图表等。

（2）审阅报告的准确性

①核实报告中的数据和结果是否准确无误，如有疑问，应与原始数据进行对比核实。

②检查报告中的计算和分析过程是否正确，如数据处理、统计方法、误差分析等。

③确认报告中的结论是否基于可靠的事实和证据，避免主观臆断和偏见。

（3）审阅报告的可读性

①检查报告的语言是否清晰易懂，避免使用生僻的词汇和术语。

②确保报告的结构和逻辑清晰，如章节顺序、段落衔接、观点论述等。

③查看报告的图表和插图是否清晰易懂，如图名、图例、坐标轴标签等。

（4）审阅报告的规范性

①确认报告符合相关法规和标准的要求，如数据保护、知识产权、保密条款等。

②检查报告中的引用和参考文献是否规范，如引用格式、文献来源等。

③在审阅和修改过程中，应遵循严谨、认真、负责的态度，确保报告的准确性和可靠性。

7.10　报告发布

完成报告编制后应将报告发布给相关的实验室和个人，以便他们了解比对试验的结果和进展。报告的发布方式包括纸质报告、电子报告、网络发布等。在发布报告时应注意以下几点：

（1）报告的共享和分发

建立报告分发制度，确保参与比对活动的所有实验室都能收到报告。通过电子邮件、网络平台等方式将报告发送给各实验室，便于各实验室查阅和下载。如有需要，可组织专门的研讨会对报告进行解读和讨论，促进各实验室之间的交流与合作。

（2）报告的解读和培训

对报告的内容进行详细解读，帮助实验室理解报告的意义和价值，以及如何利用报告进行改进和提高。组织针对报告的培训课程，提高实验室人员对报告的理解能力，更好地应用报告成果。鼓励实验室针对报告提出问题和建议，促进报告不断完善和改进。

（3）报告的应用和实践

将报告中的成果应用于实验室的实际工作，如改进测试方法、提高设备精度、优化操作流程等。基于报告的分析和建议，制订实验室的改进计划和目标，明确实施路径和时间表。定期跟踪和评估报告的应用效果，及时总结经验教训，持续改进和提高实验室的工作质量。

（4）报告的保密和知识产权

确保报告在发布过程中遵守相关保密规定，保护实验室的商业秘密和技术知识产权。在报告中明确标注知识产权信息，如版权声明、专利权、商标权等，尊重和保护各方的权益。如有需要，可与相关实验室签订保密协议，明确报告的使用范围和限制，确保报告安全合规使用。

在实验室间发布报告的过程中，应遵循公平、公正、透明的原则，充分尊重和保护各实验室的权益，促进实验室间的交流与合作，共同提高燃油蒸发污染物排放项目的测试能力和技术水平。

本章阐述了轻型国六燃油蒸发污染物排放比对试验报告的编制及发布流程。通过遵循本章的指导原则和规范操作，可以确保比对报告的准确性、可信度和透明度，为行业内燃油蒸发污染物排放试验提供有力支持。同时，通过持续改进和优化报告编制与发布流程，能够不断提高报告的质量和影响力，推动行业技术水平的提升和环保标准的严格执行。

第 8 章

轻型汽车国六燃油蒸发污染物排放试验比对方案案例

8.1　总则

8.1.1　概况

计划名称	
检测 / 校准项目 / 参数及其对应的领域代码	
实施机构	
联络地址	

8.1.2　目的

轻型汽车燃油蒸发污染物测试是《轻型汽车污染物排放限值及测量方法（中国第六阶段）》（GB 18352.6—2016）标准中重要的型式检验项目。由于国六标准的复杂性，2021 年出版的《轻型汽车国六标准实施要点研究》作为国六标准实施细则，对国六标准型式检验的开展方法进行了指导。与《轻型汽车污染物排放限值及测量方法（中国第五阶段）》（GB 18352.5—2013）相比，轻型国六标准中型式试验的试验方法、测试循环以及测量的污染物种类等方面均发生了重大变化，虽然在标准的基础上实施细则对测试方法做了进一步明确，但较为复杂的测试流程仍然造成不同实验室对燃油蒸发试验操作规范和数据记录处理等方面的理解差异；此外，影响轻型汽车燃油蒸发污染物排放检测结果的因素也较多，包含操作人员素质、环境条件、基准燃油和标准气体、检测设备及其校准等多个方面，上述因素会不可避免地导致试验结果存在偏差。为更好地落实轻型国六排放标准，提高测试质量以及结果的准确性和可重复性，缩小或消除各实验室间检测结果的差异，增强实验室间的互信和检测结果互认，需要在多个实验室按照轻型国六排放标准和实施要点的指导，进行燃油蒸发污染物排放测试的能力验证，通过各实验室间的燃油蒸发污染物排放比对试验达成如下目标：

①增强各参比实验室检测人员对《轻型汽车污染物排放限值及测量方法（中国第六阶段）》和《轻型汽车国六标准实施要点研究》的理解；

②增进各实验室间人员的技术交流，减少不同实验室在燃油蒸发污染物排放试验工作方法上的差异；

③验证参比实验室按照轻型国六标准要求开展检测工作的能力，包括试验条件、试验方法、试验设备、试验人员水平以及试验结果的准确性和可靠性；

④减少参比实验室间试验结果的离散度，提高各实验室检验结果的准确性，保证实验室间检验结果的一致性；

⑤做好轻型汽车排放试验的技术积累，提高轻型汽车试验的整体水平。

8.1.3 工作组

（1）组织单位

序号	单位名称

（2）牵头单位

序号	单位名称

（3）实施单位

序号	单位名称

（4）技术专家

姓名	单位

（5）统计专家

姓名	单位

（6）协调人（联络）

姓名	单位

8.1.4　日程安排

2024 年 9—11 月进行轻型汽车国六燃油蒸发污染物排放试验实验室间能力验证项目方案初稿的撰写（包括样品选备、测试验证方案、统计分析方法等），针对作业指导书中的关键问题与各技术专家沟通并确认，并召开能力验证专家研讨会，对能力验证计划方案和作业指导书进行讨论，如图 8.1 所示。

2024 年 11 月下旬，发布比对通知，参加机构报名。

2024 年 12 月下旬，召开技术专家论证会，汇报样车准备情况，完善计划方案及作业指导书。

2025 年 1—2 月，完成样品准备及稳定性确认。

2025 年 3 月，召开技术专家研讨会及能力验证启动会，各参比单位派项目负责人参会。

2025 年 3—10 月，按照样品流转顺序，参比单位进行能力验证工作。

2025 年 10 月，召开项目中期会议，对已完成工作进行总结，并根据前期工作情况对后期工作进行完善。

2025 年 11 月，进行测试结果的数据统计分析，并出具能力验证结果报告，如有必要则组织专家研讨会。

2025 年 11 月，组织技术专家组审核能力验证结果报告，召开能力验证总结会，下发能力验证结果通知单。

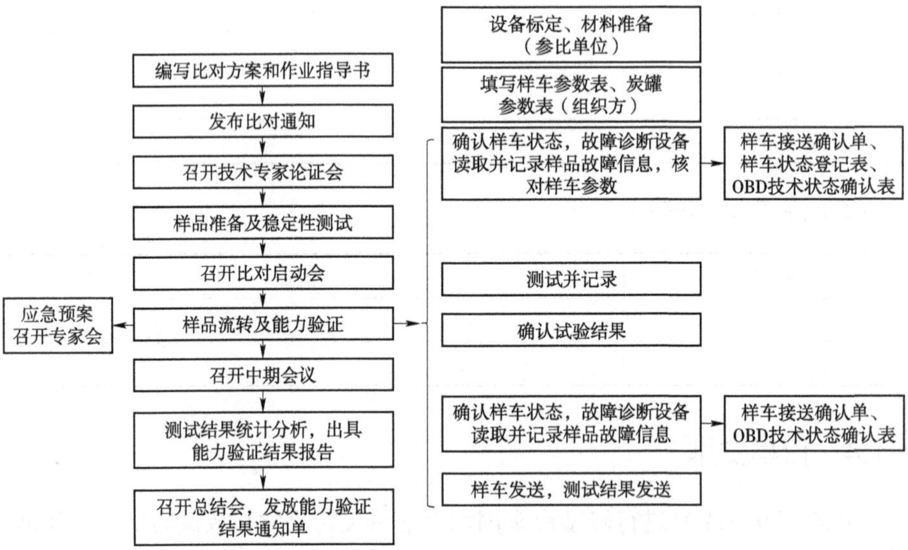

图 8.1　比对试验开展流程

8.2　参比单位要求

8.2.1　软件条件

（1）实验室管理

实验室的质量管理体系持续符合《检测和校准实验室能力认可准则》（CNAS-CL01：2018）和《检测和校准实验室能力认可准则在汽车和摩托车检测领域的应用说明》（CNAS-CL01-A005：2020）或实验室运行满足 CNAS-

CL01：2018 相关质量管理体系的要求。

（2）人员

各实验室从事此能力验证的人员应达到如下要求：能够熟练操作排放测试涉及的底盘测功机和排放分析设备、熟悉轻型国六排放标准和试验方法、熟悉汽车产品特性。

8.2.2　硬件条件

（1）检测设备

具备如下检测设备：底盘测功机、燃油蒸发污染物排放测量用实验室、燃油蒸发污染物排放测试分析系统（包括碳氢化合物分析仪、碳氢化合物分析仪用数据记录系统）、温度和压力记录系统、风扇、其他试验用设备。

（2）检测环境要求

1）燃油蒸发污染物排放测量用密闭室温度要求为

①温度控制系统精度：试验期间密闭室内温度随规定的温度—时间曲线变化的误差为 ±1℃；

②昼夜换气试验期间，密闭室内表面温度应高于 5℃，低于 55℃；

③热浸试验期间，密闭室内表面温度应高于 20℃，低于 52℃。

2）燃油蒸发污染物排放测量用密闭室压力要求为

①对可变容积密闭室，密闭室内压力与大气压间的压差限制在 ±500 Pa 以内；

②对定容积密闭室，密闭室内压力与大气压间的压差限制在 0～500 Pa。

3）浸车间温度要求为

常温浸车时为（23±3）℃；高温浸车时为（38±2）℃。

4）试验用油温度要求为

非 NIRCO 车辆试验时应控制在（23±3）℃，NIRCO 车辆试验时应控制在（24±2）℃。本次能力验证共有 7 家具备轻型汽油车燃油蒸发污染物排放检测能力的实验室参加，具体名单如表 8.1 所示。

表 8.1　轻型国六燃油蒸发污染物排放比对试验参与机构名单

<table>
<tr><th>序号</th><th>机构名称</th><th>备注</th></tr>
<tr><td>1</td><td>××× 检测车辆技术研究院有限公司</td><td rowspan="7">技术专家单位</td></tr>
<tr><td>2</td><td>×× 环境保护机动车污染控制技术中心</td></tr>
<tr><td>3</td><td>××× 汽车检验中心（××）有限公司</td></tr>
<tr><td>4</td><td>×× 汽车检测中心有限责任公司</td></tr>
<tr><td>5</td><td>×××× 汽车检测中心有限公司</td></tr>
<tr><td>6</td><td>×× 汽车工程研究院股份有限公司检测中心</td></tr>
<tr><td>7</td><td>×× 机动车检测认证技术研究中心有限公司</td></tr>
</table>

8.3　样车及材料

8.3.1　样车及样件

本次能力验证选用 2 辆符合 GB 18352.6—2016 b 阶段要求的 M1 类轻型汽油车。比对样车属于在用车，车辆生产日期距比对试验开始日期大于一年且行驶里程大于 3 000 km，以降低来自轮胎、车辆内饰等部件的 VOCs 气体排放。燃油蒸发污染物控制系统采用整体控制系统，油箱为常压油箱。比对样车在底盘测功机上运行时需要根据生产企业的要求设定驾驶模式，测功机设定所需的样车技术参数参考附表 1.1。

应确认比对样车机械状况保持良好，并用 OBD 诊断仪读取相关数据，确认样车不存在当前故障和历史故障，且短期和长期燃油学习值在合理区间。如果车辆存在当前故障，比对试验牵头单位应与样车提供单位一并查找故障原因并修复故障。如果车辆存在历史故障，牵头单位应通过查询车辆保养维修记录确认故障原因和修复方法。

使用 OBD 诊断仪对样车进行检查后，应继续检查样车的燃油蒸发污染控制系统处于正确连接状态并能正常工作。车辆配备的炭罐应经过正常使用，未经异常吸附和脱附。

如果确认比对样车在试验开展前需要磨合，则磨合期间混合动力汽车及两用燃料汽车应尽量使用汽油发动机模式。

比对样品除试验车辆外，还包含 2 套车辆配用的新炭罐和相应的连接管路，炭罐需经过 15 个 GWC 循环的激活和老化处理，炭罐的技术参数参考附表 1.2。

8.3.2　样车稳定性

比对试验正式开始前由此次比对活动的牵头单位先利用样车进行 3 次燃油蒸发污染物排放测试，以确定样车的稳定性。比对试验结束后样车需返回至牵头单位再进行 3 次测试，以判定其稳定性。

（1）比对试验开始前的样车稳定性判定

依据 3 次试验结果的标准差判定样品稳定性，计算公式如下：

$$S_s=\sqrt{\frac{\sum_{i=1}^{n}(X_i-\bar{X})^2}{n-1}} \tag{8.1}$$

式中：S_s——3 次试验结果的样本偏差；

X_i——第 i 次试验结果；

$\bar{X}$——3 次试验结果的平均值；

n——试验次数。

若 S_s 小于 σ_0 的 30%，则认为样车是稳定的，其中 σ_0 是比对试验计划中能力评价标准偏差的目标值。对于燃油蒸发污染物排放试验能力评价活动，σ_0 可取 GB 18352.6—2016 b 阶段 M1 类车限值的 30%。

（2）比对试验结束后的样车稳定性判定

若 $|\bar{X}-\bar{Y}|$ 不超过 σ_0 的 30%，则认为样车是稳定的，σ_0 数值同上。

式中：$\bar{Y}$——比对试验结束后稳定性确认测试中的多次测量结果的平均值；

$\bar{X}$——比对试验开始前稳定性确认测试中的多次测量结果的平均值。

8.3.3　样车存储和运输

本次比对试验采用的样车由企业提供，各参比单位接收样车后应妥善保管，并在试验完成后安全地运输至下一参比单位。各参比单位接到样车后填写《样车接送确认单》（附表 3），对样车进行检查并填写《样车状态登记表》（附表 4）；试验完成后恢复样车外观和技术状态，并填写《样车接送确认单》；在试验和运输过程中应确保样车外观和技术状态良好。

参比单位接到试验样车后应首先检查车辆外观、轮胎气压、油箱剩余燃油量以及车辆行驶里程等基础信息；其次检查车辆启动性能和行驶状况；最后通过 OBD 诊断仪确认车辆不存在当前故障和历史故障信息。

（1）牵头单位应根据比对方案制订相应的样车流转计划，每个实验室在检测结束后，应按计划规定要求，确保样品安全地运输至下一家实验室。专车点对点运输，样车上拖车之后再进行封样，油箱盖需要加封条，运输期间不得驾驶车辆（图 8.2）。

图 8.2　试验样车点对点运输

（2）每个实验室在收到样车时应仔细检查样车是否完好，有无 OBD 故障灯。

（3）各单位启封样车后，应检查样车外观是否有异常情况，然后填写《样车状态登记表》中有关样车接收状态的信息。待一切正常后再进行检测，如果发现样车存在异常，应及时通知组织单位或牵头单位联络人，以便妥善处理。提供异常部位相关照片或视频，并在《样车状态登记表》中注明。若样车无法正常工作、损坏，本次能力验证组织方商榷后制订应急方案。

（4）由于本次比对活动是按顺序从一个单位运输至下一个单位，因此，收到样车后应尽快安排检测，每个实验室从接收样车之日起至样车发送之日止，时限一般不超过 1 个月。如因不可抗力因素导致物流受阻或无法按时完成检测等突发事件，各单位应第一时间通知组织单位或牵头单位联络人，制订应急方案。

（5）各单位按规定完成样车的全部检测后，应在确保样车性能稳定性的前提下，对样车外观进行清洁整理并恢复至原始状态（接收样车时的状况），并且按原来启封样车时的包装情况，用原有的包装材料和方式对样车进行固定及包装，并确保样车安全地运输至下一家实验室。然后填写《样车接送确认订单》。

（6）各单位在样车接收和样车发送的当日以电话和电子邮件形式通知牵头单位联络人，以便及时跟踪。

（7）在样车发送的当日，各单位将《样车接送确认单》《样车状态登记表》通过电子邮件发送至牵头单位联络人。

若样车在运输或者试验过程中出现不同程度的损坏，接车单位应提供异常部位相关照片或视频，并在《样车状态登记表》中注明。若样车无法正常工作、损坏，本次比对试验组织方商榷后应给出应急方案。

（1）如果损坏零件不是排放关键件，不影响比对结果，可由样车供应商更换损坏零件后继续开展比对。

（2）如果损坏零件为排放关键件，影响比对结果，建议先更换损坏零件，做相应磨合或激活后，发回组长单位进行稳定性评估。如果样品稳定则继续开展比对，如果样品不稳定则重新开展新一轮比对。

8.3.4　实验用油及标准气体

能力验证所需试验用油为同一批次且满足 GB 18352.6—2016 附录 K 中 K.2 要求的基准燃油。为保证燃油的蒸气压，比对燃油统一按 40 L 的小桶封装，由组织单位统一购买，并发往各参比单位。每次试验车辆燃油更换使用 3～4 桶，多余部分不再使用，且比对样车不得使用其他燃油。每次试验前，需要使用符合《石油产品蒸气压的测定　雷德法》（GB/T 8017—2012）或等效的仪器测量并记录试验用燃油的雷德蒸气压（RVP）。试验中不应使用任何试验中回收的燃油。如果新的试验用燃油的 RVP 值不在附录 K 规定的 56～60 kPa 之内，允许对 RVP 值高的燃油添加氮气去除有机成分，或让 RVP 值低的燃油吸附 100% 异丁烷以达到规定要求。

能力验证所需标准气体由各参比单位自行采购，标准气体应满足 GB 18352.6—2016 附录 C 中 CD.6 的要求，各参比单位需提供相应的标准物质证书。比对试验前和结束后则用密闭室碳氢分析仪测量标准气体浓度。

8.4　试验顺序

按照技术专家单位所处地理区域位置进行编号，将 2 辆经过稳定性测试的样车分别发往各个参比单位。样车 1 按序号 1 至序号 7 的顺序（表 8.1）的顺序，在各参比单位进行试验。样车 2 按序号 7 至序号 1 的顺序（表 8.1），在各参比单位进行试验（图 8.3）。

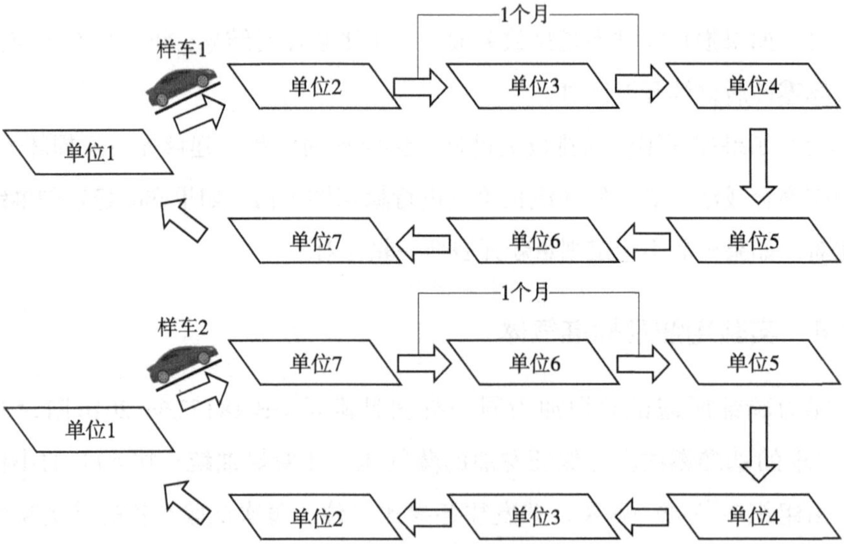

图 8.3　样车流转顺序示意图

8.5 试验结果记录与处理

8.5.1 结果记录

比对试验过程中每次试验应记录试验地点、设备信息和试验结果。详细内容参考 8.10.5 节。

8.5.2 比对试验结果评定

所有参比单位完成比对测试，将附表 7 的试验记录发给牵头单位，牵头单位汇总试验所有测试结果后按以下方法进行处理。

所有参比实验室测试结果的标准偏差 s_σ 按式（8.2）计算：

$$s_\sigma = \sqrt{\frac{\sum_{i=1}^{n}(X_i - \bar{X})^2}{n-1}} \tag{8.2}$$

式中：s_σ——所有参比单位燃油蒸发试验结果均值的平均值的标准偏差；

X_i——第 i 个参比单位燃油蒸发污染物排放测试的 3 次试验结果的平均值；

$\bar{X}$——所有参比单位燃油蒸发污染物排放试验结果均值的平均值；

n——参比单位个数。

燃油蒸发污染物排放比对试验结果判定：参比单位的燃油蒸发污染物排放测试结果的平均值 X_i 与 $\bar{X}$ 的差值在 $\pm 3\sigma$ 内，则比对结果满意；反之，则比对结果不满意。

在计算参比单位试验结果的平均值 X_i 时，允许剔除试验结果中的离群值。离群值的判定可按 5.2.1.2 节描述的方法进行。

8.6 应急预案

参比单位在试验样车接收和发送，燃油蒸发污染物排放测试试验的准备和实施过程中如果遇到下列突发问题，应按照预先制定的预案处理，以保证整个比对试验活动的顺利进行。

（1）参比单位应在比对活动开始前完成相关设备仪器的保养和标定，并制订设备故障检查和排除工作方案；试验开始后如遇设备故障或试验数据异常，应能根据事先制订的计划迅速排除故障。

（2）接收试验样车后，经检查发现样车存在损坏或机械故障的情况。如果损坏零件不是排放关键件，或损坏不影响比对试验结果，可由比对试验组织单位联系样车提供厂商更换损坏的零件，之后继续开展比对工作。

如果损坏零件为排放关键件，或损坏可能影响比对试验结果，由牵头单位和组织单位会同专家组讨论维修方案。若经专家组确认可更换损坏零件或修复损坏，则样车完成维修后应进行磨合，或对排放控制相关零部件激活，再发回先导实验室进行燃油蒸发污染物排放一致性验证。如果样品排放结果与前期结果一致则继续开展比对，如果样品排放结果不一致，则重新开始比对试验。

对于车辆损坏和维修的任何情况，都应在第一时间报给所有参与比对活动的单位。各单位在收到相关信息后应及时进行评估，并将意见反馈给牵头单位和专家组。

（3）试验准备中如发现燃油 RVP 值、标准气体成分、浓度等不符合对比试验要求的情况，应立即向比对试验组织单位通报；比对试验组织单位应将事先准备的应急备品发出，保障比对试验顺利进行。

（4）比对试验前后，均应用故障诊断设备读取并记录样品故障信息。经牵头单位同意后方可清除电控系统故障，如无法清除则经各单位协商后，由样车生产企业处理。样车无故障信息后才能正式开展对比试验，且试验结束后样车无故障信息，此次试验结果方才有效。

（5）若比对试验中样车试验结果稳定性差或试验结果异常，则先检查样车是否存在异常。若样车有损坏，参照样车损坏处置。若样车无损坏，则将样车返回上一家比对实施单位，重做比对试验，对比前后期结果。如果此次实施单位前后比对结果超过稳定性限值，则组织单位与牵头单位、实施单位商榷后确定是否开展新一轮比对。

（6）实施单位不能如期开展比对试验或在规定时间内未完成比对试验的，应及时将情况报牵头单位，牵头单位统筹协调试验计划，可协调样车到其他实施单位开展比对试验，或适当延长试验时间。

8.7　比对报告

（1）封面

封面应包含报告标题、编撰单位、报告编号、报告日期等基本信息。

（2）摘要

摘要应简要介绍比对试验的目的、方法、主要结果和结论，使读者能够在短时间内了解报告的主要内容。

（3）引言

引言部分应阐述实验室间比对的背景、目的和意义，以及比对试验的基本情况。可以简要介绍相关的理论和方法，为后续内容做铺垫。

（4）方法

方法部分应详细描述比对试验的设计、实施和数据分析过程，包括试验方案、样本信息、测试设备、测试方法等。

（5）结果

结果部分应提供比对试验的数据和图表，包括原始数据、统计分析结果和对比分析结果等。图表应清晰易懂，附有必要的说明和注释。

（6）讨论

讨论部分应对比对结果进行深入分析，探讨影响结果的因素、存在的问题和改进措施。可以结合相关文献进行对比分析，进一步阐述比对试验的意义。

（7）结论

结论部分应简洁明了地总结比对试验的主要发现和成果，以及对实验室间比对的建议和展望。

（8）附录

附录部分可以提供比对试验的详细数据、图表、原始记录等辅助资料。

8.8 比对试验结果通知单

比对试验结果通知单见附表 8。

8.9 保密及诚信规定

各参比单位应严格依照本方案规定的试验方法进行样车的燃油蒸发污染物排放检测试验，认真记录并填写检验数据；严禁篡改和伪造试验数据，严禁在各参比单位间串通试验数据，确保比对结果真实、可靠。

开展比对试验期间，各参比单位应对提交的试验数据保密，直至比对试验工作结束。各参比单位不得泄露试验样车的相关信息，不得对样车进行除本次比对试验规定测试项目之外的任何检测。

与本次比对试验相关的记录，试验数据和结果都应妥善保存。

8.10 比对试验作业指导书

8.10.1 目的

规范试验过程，保证本次能力验证的顺利进行。参比实验室应在专家组的指导下开展比对工作，严格按照本作业指导书的规定进行试验。

8.10.2 试验样车接收和整备

（1）填写《样车接送确认单》。

（2）《样车状态登记表》、OBD 技术状态确认表。

（3）进行车辆技术状态检查，确认比对样车参数。

（4）用蒸汽或清水清洗车辆，并将车辆放置在通风处静置 24 h。之后检查试验车辆排气系统无任何泄漏，对电瓶充电，待充满电后检查胎压，然后将车辆移动到底盘测功机上，按照 WLTC 循环进行热车，随后根据标准要求按照迭代法设定载荷进行滑行，底盘测功机载荷对应道路载荷在相应速度点时的准确度应达到 ± 10 N。

（5）使用诊断仪通过诊断接口获取车辆基本信息、控制参数和 OBD 信息。如果存在与尾气排放或燃油蒸发污染物排放相关的故障代码（当前故障代码、确认故障代码或永久故障代码），应将故障信息上报试验牵头单位。牵头单位获得关于故障信息相关的汇报后，应会同专家组成员进行研判，决定由当前试验单位排除故障后继续试验，还是更换样车后再进行比对试验。牵头单位和专家组作出决定后应立即通报比对实施单位，并在必要时联系样车提供企业配合进行故障排查。在试验过程中出现故障的，也应按上述程序进行处理。

在车辆技术状态检查期间，实验室应准备用于放油操作的三通接头（比对样车为怠速三通阀放油，放油时断开炭罐）。该接头由比对试验牵头单位准备，随试验样车传递至各比对试验参与单位。

8.10.3　试验仪器校准

燃油蒸发仓在使用之前应进行过标定。在比对试验开始前一个月内如果燃油蒸发仓没有进行标定，则应重新标定，然后进行比对试验。

8.10.3.1　标准气体浓度检查（HC）

纯合成空气:（纯度：≤1 ppm HC，≤1 ppm CO，≤400 ppm CO_2，≤0.1 ppm NO，氧气体积比例 18%～21%）；

碳氢化合物分析仪用燃料气体:（40% ± 2% 氢气，其余为氦气，其纯度：≤ 1 ppm HC，≤400 ppm CO_2）；

丙烷（C_3H_8）：纯度不低于 99.5%；

丁烷（C_4H_{10}）：纯度不低于 98%；

氮气（N_2）：纯度不低于 98%。

标定及量距气体应是合用的罐装丙烷（C_3H_8）和纯合成空气的混合气体。标定气体的实际浓度应在标称值的 ±2% 以内。

8.10.3.2 碳氢化合物分析仪标定

使用氢火焰离子化检测器（FID）监测密闭室内的气体。分析仪应按照仪器生产企业的规定进行调整。在最常用的工作量程用丙烷气体（平衡气为空气）优化响应性能。标定用的气瓶应在 20～30℃的温度下预处理 24 h。试验气体的浓度应接近所用量程满刻度的 80%；浓度已知，准确至用容积表示的重量测量基准值的 ±2%。

分析仪的响应速度，FID 分析仪达到其最终读数 90% 的响应时间不应超过 1.5 s。分析仪的重复性，对所有工作量程，通入零气或满量程 80%±20% 浓度的标准气体时，读数误差应小于 ±2%。分析仪的线性度，在其每个常用的工作量程均按照下列步骤进行标定：

步骤一，标定曲线至少应由 5 个标定点组成，并尽可能等距分布于工作范围。最高浓度标定气体的标称值应至少等于满刻度的 80%。

步骤二，标定曲线用最小二乘法计算。如果计算结果的多项式大于 3 阶，则标定点数目至少应等于此多项式阶数加 2。

步骤三，标定曲线与每一标定气体的标称值相差应不大于 2%。

步骤四，利用步骤二得出的多项式系数，绘制出表示标定气体实际浓度值和显示值的表格，其步长不大于满刻度的 1%。分析仪各量程都照此进行标定。曲线图标还应包含下列数据：标定日期、量距和零电位读数（如有）、标称刻度、使用的各标定气体的基准数据、各标定气体的实际浓度值和显示值的偏差百分比、FID 分析仪的燃料和型号、FID 分析仪空气压力。

步骤五，如果生态环境主管部门对能达到同样准确度的替代技术（电控开关、电控量程开关等）表示认可，则允许使用这些替代技术。

实验前还应确定分析仪的响应系数。当基准气为丙烷，平衡气为纯空气时，得到的响应系数应为 1.00。用于氧干扰的试验气体及响应系数（R_f）推荐范围为

丙烷和氮气：$0.95 < R_f < 1.05$。

8.10.3.3　密闭室的压差控制范围检查

对于使用可变容积密闭室的，应在试验前确认密闭室的完整性，确保在试验涉及的温度范围内密闭室内压力与大气压的压差限制在 ±500 Pa 以内。使用定容积密闭室的，应将密闭室内压力与大气压间压差保持在 -500～0 Pa。

8.10.3.4　密闭室的温度控制精度检查

密闭室昼夜环境温度变化按表 8.2 执行。进行比对试验前，按表 8.2 要求的温度控制点对密闭室的温度控制精度进行检查。每个温度控制点的控制误差应在 ±1℃以内。

表 8.2　密闭实验室温度控制表

时间 / h	温度 / ℃	时间 / h	温度 / ℃	时间 / h	温度 / ℃	时间 / h	温度 / ℃	时间 / h	温度 / ℃	时间 / h	温度 / ℃
1	20.0	2	20.2	3	20.5	4	21.2	5	23.1	6	25.1
7	27.2	8	29.8	9	31.8	10	33.3	11	34.4	12	35.0
13	34.7	14	33.8	15	32.0	16	30.0	17	28.4	18	26.9
19	25.2	20	24.0	21	23.0	22	22.0	23	20.8	24	20.2
25	20.0	26	20.2	27	20.5	28	21.2	29	23.1	30	25.1
31	27.2	32	29.8	33	31.8	34	33.3	35	34.4	36	35.0
37	34.7	38	33.8	39	32.0	40	30.0	41	28.4	42	26.9
43	25.2	44	24.0	45	23.0	46	22.0	47	20.8	48	20.2

此外，温度系统应能提供平顺的温度控制模式，相对于设定的环境温度曲线具有最小的过调、波动和不稳定；确保在昼夜换气试验期间，密闭室内表面温度既不应低于 5℃，也不应高于 55℃；在热浸试验期间，密闭室内表面温度既不应低于 20℃，也不应高于 52℃。

8.10.3.5　密闭室内部容积的初始确定

比对试验开始前应检查密闭室的内部容积。仔细测量密闭室的内部尺寸，将不规则的部分如支柱、支梁等也考虑在内。根据测得的尺寸确定密闭室的内部容积。对于可变容积密闭室，密闭室应锁定为固定容积，密闭室内环境温度控制为 30℃（或替代温度循环 29℃）。标定容积的重复性应在报告值的 ±0.5% 以内。从密闭室的内部容积值中减去 1.42 m^3，即可确定密闭室的内部净容积（1.42 m^3 代替敞开车窗和行李箱后的汽车体积）。在密闭室碳氢化合物残留检查中，如果计算出的丙烷质量未达到丙烷喷入量的 ±2% 以内，就需要重新确定密闭室的内部净容积。

8.10.3.6　密闭室背景排放物的确定

通过检查确认密闭室内是否含有可释放出大量碳氢化合物的物质。该检查在密闭室投入使用时，或在室内进行任何影响背景排放的工作后进行，至少每年进行一次。可变容积密闭室背景排放物的确定可在固定容积或者可变容积结构状态下进行；定容密闭室背景排放物的确定应在入口流和出口流关闭状态下进行，在标定过程中（4 h）环境温度应保持在（35 ± 2）℃。

使用分析仪前应完成对其的标定（包括零点和量距标定）。在 4 h 的背景气取样期开始前，可密封密闭室并运转混合风扇，运转时间 12 h，清扫密闭室得到稳定的碳氢化合物读数。然后密封密闭室，测量背景初始碳氢化合物的浓度 $C_{\mathrm{HC},i}$、温度 T_i 和大气压力 P_i；其间允许密闭室在无干扰条件下，开动混合风扇 4 h。在 4 h 测量结束时，用同一台分析仪测量密闭室内终了碳氢化合物的浓度 $C_{\mathrm{HC},f}$、温度 T_f 和大气压力 P_f。利用式（8.3）计算整个试验过程中密闭室内碳氢化合物质量的变化，变化量不应超过 0.05 g。

$$M_{\mathrm{HC}} = k \times V \times 10^{-4} \times \left(\frac{C_{\mathrm{HC},f} \times P_f}{T_f} - \frac{C_{\mathrm{HC},i} \times P_i}{T_i} \right) \tag{8.3}$$

式中：C_{HC}——密闭室内碳氢化合物浓度，ppm C（注：ppm C=ppm 丙烷 ×3）；

V——密闭室容积，m^3；

T——密闭室内环境温度，K；

P——大气压，kPa；

k——17.6；

i——初始读数；

f——终了读数。

8.10.3.7　密闭室标定及碳氢化合物残留试验

开始比对试验前应测定密闭室漏气率。首先，开动混合风扇，清扫密闭室直至碳氢化合物的浓度达到稳定，并对碳氢化合物分析仪进行零点和量距标定。对于可变容积密闭室，应锁定至名义容积位置；对于定容积密闭室，应关闭其入口气流和出口气流。其次，打开环境温度控制系统，调整初始温度至 35℃。当密闭室温度稳定在（35±2）℃后，封闭密闭室，测量初始背景污染物浓度 $C_{HC,i}$、温度 T_i 和大气压力 P_i。将大约 2 g 丙烷喷入密闭室内，丙烷质量的测量准确度和精密度应为测量值的 ±2%。将密闭室内气体混合 5 min，然后测量终了读数碳氢化合物的浓度 $C_{HC,f}$、温度 T_f 和大气压力 P_f。将上述测量值代入式（8.1），得到密闭室内的丙烷质量，计算结果与喷入丙烷质量的误差应在 ±2% 以内。

测量结束后，对可变容积密闭室解除名义容积结构锁定；对于定容密闭室，打开其入口气流和出口气流。

在密封密闭室的 15 min 内，按表 8.2 规定的温度变化开始 24 h 的环境温度循环过程，即从 35℃至 20℃再回到 35℃。24 h 循环期完成后，测定并记录最终的碳氢化合物浓度 $C_{HC,f2}$、温度 T_{f2} 和大气压力 P_{f2}，用于计算碳氢化合物残留。将 $C_{HC,i}$、T_i、P_i 和 $C_{HC,f2}$、T_{f2}、P_{f2} 代入式（8.1），得到密闭室内的丙烷质量，计算结果与喷入丙烷质量的误差应在 3% 以内。

8.10.3.8　其他检查

浸车区域环境温度控制在（23±5）℃；

试验时环境温度和绝对湿度分别控制在（23±3）℃、5.5～12.2 g（水）/kg（干空气）。

8.10.4 试验步骤

试验流程如图 8.4 所示。

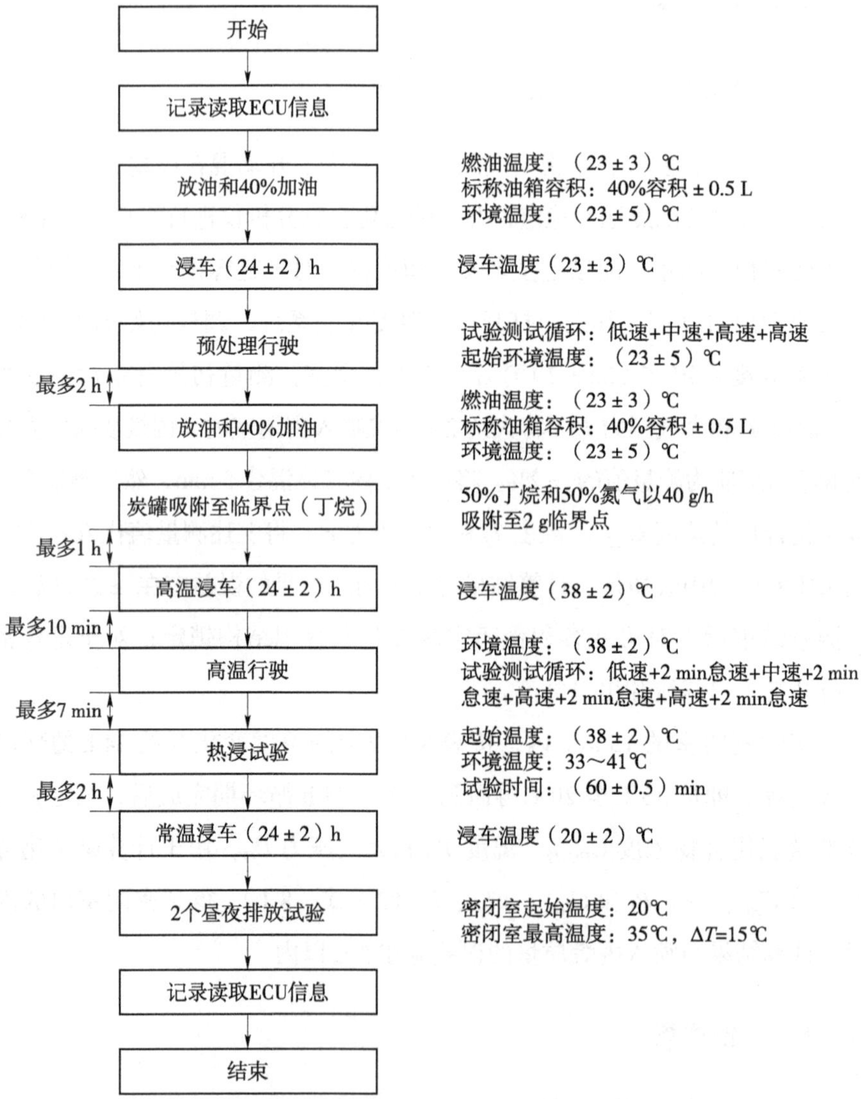

图 8.4 轻型国六燃油蒸发污染物排放测试流程

8.10.4.1　试验准备

（1）样车准备

用 OBD 故障诊断仪检查车辆，确认车辆不存在故障码或相关故障记录；如存在故障码或故障相关记录，应中止试验并将故障信息汇报给比对试验牵头单位和组织单位。

（2）放油和加油至油箱标称容积的 40%

将整备好的车辆移至实验室放油和加油区，该区域的环境温度应控制在（23 ± 5）℃。进行加油操作前，使用燃油 RVP 测量仪器测定所用燃油的雷氏饱和蒸气压（图 8.5）。

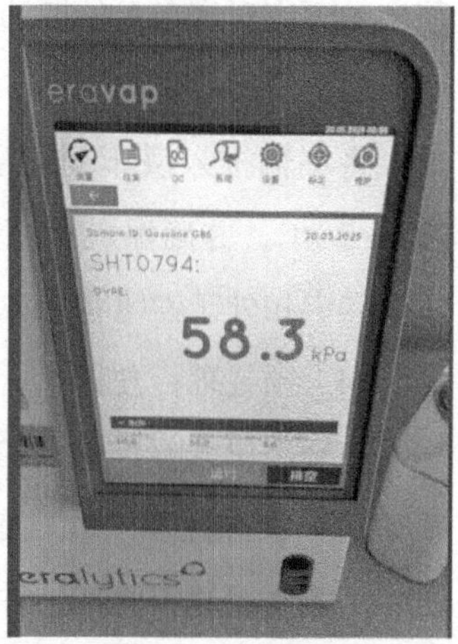

图 8.5　燃油 RVP 的测量和结果

放油开始前应准备三通放油管、吸油纸、高压气枪等工具。使用三通放油管前应在燃油管路及接口的下方放置吸油棉（图 8.6）。

图 8.6　放油操作前放置吸油棉

断开油轨端部的快插接头，连接三通阀，启动发动机并怠速运行，通过油泵将油箱内的汽油泵出。放油结束后，恢复整车燃油管连接后再取下吸油棉，使用高压气枪吹扫燃油管与三通管连接处的残油（吹扫时间不应少于 20 s），最后关闭引擎盖。

放油结束后用通用诊断仪读取电子控制单元（ECU）的诊断状态，检查是否存在当前故障。某些试验车在放油结束后会诊断出“油轨 / 燃油系统压力低”、“燃油输送故障”、“燃油蒸发排放控制系统泄漏检测泵控制电路 / 开路”、“燃油蒸发排放控制系统通风控制电路 / 开路”和“燃油蒸发排放控制系统泄漏检测泵加热器控制电路 /

开路”等故障。这些故障会影响车辆正常运行，若存在上述故障应使用诊断仪清除当前故障码。

完成上述工作后向试验车油箱中加入温度为（23 ± 3）℃且符合规范的试验燃料，加油量为试验车油箱容积的 40% ± 0.5 L。加油完成后加油枪停留 15 s 以上再取出加油枪或加油漏斗，以免有残油漏出。取出加油枪或加油漏斗后使用高压气枪吹除车辆加油口处的残油（吹扫时间不应少于 20 s），然后关闭加油口盖。加油枪停止至盖上燃油箱盖的时间应控制在 1 min 以内。在加放油过程中，不应对汽车上的燃油蒸发控制系统进行人为脱附或吸附操作。

（3）浸车

将车辆推入浸车间，浸车（24 ± 2）h。浸车期间，应将汽车温度维持在（23 ± 3）℃，并确保燃油箱盖始终处于关闭状态。浸车时需检查确认车辆所有门锁和卡扣处于锁闭状态，防止车辆电瓶亏电。

（4）预处理行驶

按轻型国六标准附录 CA 规定的Ⅰ型试验用测试循环行驶一次低速、一次中速、一次高速和一次高速。预处理行驶只能在完整的测试循环（低速、中速、高速和高速）完成后才能结束。车辆运转期间排气排放物不取样。预处理行驶期间，测试区内的温度应维持在（23 ± 5）℃，并按照轻型国六标准附录 C 的规定使用变速风机吹向车辆。

比对样车为四驱的，在转毂上进行测试前应先向车辆生产企业确认是否需要设置单独的转毂模。样车上转毂后，运行前应确认“驾驶辅助系统设置”所有功能均关闭，尤其是“车前测距监控系统”；若不关闭，转毂上会引发紧急制动。此外对于带有怠速启停功能的试验样车，应在预处理行驶前关闭该功能，确保在预处理循环的怠速工况，发动机处于怠速运行状态。

在预处理行驶期间应使用 OBD 诊断仪器读取并记录数据流信息，以便计算预处理行驶期间通过炭罐的脱附空气流量。

（5）再次放油和加油至油箱标称容积的 40%

完成预处理行驶的 2 h 内，从发动机舱油轨处断开快速接头，接入三通管，怠速放油；放油完成后在油箱中加入温度为（23 ± 3）℃符合规范的试验燃料，加油量为试验车油箱容积的 40% ± 0.5 L，加油完成后应在 1 min 内盖上所有燃油箱盖。在加放油过程中，不应对汽车上的燃油蒸发控制系统进行人为脱附或吸附操作。加油完成后，应将汽车温度维持在（23 ± 5）℃。

（6）预处理炭罐至临界点（2 g 击穿）

将试验车上的炭罐拆下进行预处理。建议在车辆停车下电后的 5～10 min 再拆卸，避免报出炭罐相关的故障。

采用 50% 容积丁烷和 50% 容积氮气的混合气体，以丁烷 40 g/h 的流量使原始炭罐吸附，一旦辅助炭罐的重量增加 2 g，应马上关闭丁烷及氮气气源，重新连接炭罐与油箱的连接管路，使汽车恢复至正常状态。

炭罐在试验车上重新安装好后使用通用诊断仪读取 ECU 诊断状态，若存在相关故障，使用诊断仪清除当前故障码。

（7）高温浸车

完成炭罐处理后 1 h 内，将试验车移至高温浸车区，完成（24 ± 2）h 高温浸车。浸车期间，浸车间温度应维持在（38 ± 2）℃。浸车开始前，应使用一个管道连接炭罐空气口（通大气口）通到热浸区外一个安全地区。操作时需要避免给加油系统增加阻碍。也可以选择从炭罐空气口（通大气口）连接到一个有足够工作能力的辅助炭罐作为替代方案。

（8）高温底盘测功机试验

高温浸车结束后，移除与炭罐连接的管道或辅助炭罐，恢复炭罐至正常工作状态，并在 10 min 内将车从热浸区移动至已经预加热环境温度到（38 ± 2）℃的底盘测功机区，按国六标准附录 CA 规定的测试循环进行测试和额外的空挡，包括：一次低速、2 min 空挡、一次中速、2 min 空挡、一次高速、2 min 空挡、再一次高速、2 min 空挡。行驶期间，依照轻型国六标准附录 C 的规定使用变速风机吹向车辆。

试验期间应打开车内空调，如果是自动空调和内循环模式，温度设定为 22℃（否则设定空调为 A/C 模式，并选择最大的风扇挡位）。将空调设置为内循环模式，选择最大的风扇挡位并将温度设定为最低。

试验结束后应立即关闭发动机，移除车辆与试验台之间的连接，将车辆以手动方式移动到密闭室。

8.10.4.2　热浸试验

汽车完成高温预处理前，打开密闭室的混合风扇，并清扫密闭室数分钟，直至碳氢化合物背景值稳定。密闭室的初始温度控制在（38 ± 2）℃。

高温预处理结束后发动机应立即熄火，并在 7 min 内将试验车移入密闭室。进入密闭室前，应确保发动机熄火、打开车窗和行李箱，将发动机熄火时刻记录在燃油蒸发污染物排放测量数据记录系统上，同时开始记录密闭室温度。

随后关闭并密封密闭室门，开始（60 ± 0.5）min 的热浸。在关闭密闭室门的最初 5 min 内，密闭室的温度应控制在（38 ± 5）℃，之后的时间内应控制在（37 ± 4）℃。测量并记录热浸试验的初始状况，包括碳氢化合物的浓度 $C_{HC,i}$、温度 T_i 和大气压力 P_i。临近热浸试验结束时，应进行碳氢化合物分析仪的零点和量距标定。在热浸试验结束时，测量并记录最终的碳氢化合物浓度 $C_{HC,f}$、温度 T_f 和大气压力 P_f。

8.10.4.3　常温浸车

在热浸结束后 2 h 内，不启动发动机，将汽车推出或用其他方法移至浸车区。浸车时间（24 ± 2）h，浸车区温度保持在（20 ± 2）℃。

8.10.4.4　昼夜换气试验

常温浸车结束后，将汽车从浸车区移动至密闭室（不启动发动机），此时车辆应保持熄火状态，车窗和行李箱打开。试验车进入密闭室前，打开密闭室的混合风扇，并清扫密闭室数分钟，直至碳氢化合物背景值稳定。

试验车应在密闭室中按国六标准附件 FB 规定的环境温度变化经历 2 个循

环，温度变化循环中任何时刻的最大偏差需在 ±2℃以内。以每次测量偏差的绝对值计算，偏离规定变化曲线的温度平均值不应超过 1℃。至少每分钟测量一次室内温度。

试验中应保证汽车燃油箱下空气环流最少保持为 8 km/h。关闭密闭室门后 10 min 内，测量昼夜换气试验的初始读数碳氢化合物的浓度 $C_{\mathrm{HC},i}$、温度 T_i 和大气压力 P_i。

第一天试验排放物的终了取样期为初始采样开始后的 24 h ± 6 min，相关的数据为 $C_{\mathrm{HC},24}$、温度 T_{24} 和大气压力 P_{24}。第二天试验排放物的终了取样期为初始采样开始后的 48 h ± 6 min，相关的数据为 $C_{\mathrm{HC},48}$、温度 T_{48} 和大气压力 P_{48}。

8.10.4.5　计算试验结果

按照轻型国六标准附件 F6 规定的方法计算试验结果。用碳氢化合物浓度、密闭室内温度和压力的初始读数和终了读数以及密闭室的净容积，计算出每一阶段的燃油蒸发污染物排放量。

热浸试验：

$$M_{\mathrm{HC,HS}}=k\times V\times 10^{-4}\times\left(\frac{C_{\mathrm{HC},f}\times P_f}{T_f}-\frac{C_{\mathrm{HC},i}\times P_i}{T_i}\right)+M_{\mathrm{HC,out}}-M_{\mathrm{HC,in}} \tag{8.4}$$

昼夜换气试验：

$$M_{\mathrm{HC,HS}}=k\times V\times 10^{-4}\times\left(\frac{C_{\mathrm{HC},24}\times P_{24}}{T_{24}}-\frac{C_{\mathrm{HC},i}\times P_i}{T_i}\right)+M_{\mathrm{HC,out}}-M_{\mathrm{HC,in}} \tag{8.5}$$

$$M_{\mathrm{HC,HS}}=k\times V\times 10^{-4}\times\left(\frac{C_{\mathrm{HC},48}\times P_{48}}{T_{48}}-\frac{C_{\mathrm{HC},24}\times P_{24}}{T_{24}}\right)+M_{\mathrm{HC,out}}-M_{\mathrm{HC,in}} \tag{8.6}$$

式中：M_{HC}——碳氢化合物质量，g；

$M_{\mathrm{HC,out}}$——用定容积密闭室进行热浸或昼夜换气试验时，从定容积密闭室排出的碳氢化合物质量，g；

$M_{\mathrm{HC,in}}$——用定容积密闭室进行热浸或昼夜换气试验时，进入定容积密闭室排出的碳氢化合物质量，g；

C_{HC}——密闭室内碳氢化合物浓度，ppm（容积）；

V——经汽车容积（车窗和行李箱打开）矫正后的密闭室容积，如果未定汽车容积，则减去 1.42 m^3；

T——密闭室内环境温度，K；

P——大气压，kPa；

H/C——氢碳比（对于热浸损失，H/C 取 2.20；对于昼夜换气试验损失，H/C 取 2.33）；

k——1.2 ×（12+H/C）；

i——初始读数；

f——终了读数；

HS——热浸；

24——第一个 24 h 读数；

48——第二个 24 h 读数（初始读数后 48 h 取得）。

汽车碳氢化合物燃油蒸发污染物排放总质量为

$$M_{总} = M_{DI} + M_{HS} \tag{8.7}$$

式中：$M_{总}$——汽车燃油蒸发排放碳氢化合物总质量，g；

M_{DI}——昼夜换气试验时碳氢化合物排放质量（$M_{HC,24}$ 和 $M_{HC,48}$ 中较大值作为 M_{DI}），g；

M_{HS}——热浸试验时碳氢化合物排放质量，g。

重复 8.10.4.1～8.10.4.5 节中的各个步骤，完成对样车的第二次和第三次测量。

8.10.5　试验结果记录与初步分析

各参比单位应按照附表 6 记录试验过程并提交给组织方；按附表 7.1～附表 7.4 整理测试记录及结果提交组织方。

参比单位依照下列方法对试验结果进行初步分析，确认试验结果可靠后再提交给比对试验组织单位和牵头单位。

利用式（8.8）计算 3 次试验结果的样本偏差：

$$S_s = \sqrt{\frac{\sum_{i=1}^{n}(X_i - \bar{X})^2}{n-1}} \tag{8.8}$$

式中：S_s——多次试验结果的样本偏差；

X_i——第 i 次试验结果；

$\bar{X}$——多次试验结果的平均值；

n——试验次数。

若 $S_s \leqslant 0.3\sigma_0$，则认为该参比单位的试验结果是可靠的。$\sigma_0$ 是比对试验中标准偏差的目标值，设定为比对试验样车适用的燃油蒸发污染物排放限值的 30%。

参比实验室也可以按照 5.2.1.1 节介绍的方法计算试验结果的变异系数 COV。如果 COV 小于 10% 也可以认为试验结果可靠。

附录 A

附表 1.1　比对样车 1 参数表

车辆类型		整车整备质量 /kg	
VIN		测试质量 /kg	
最大总质量 /kg		驱动型式	
道路阻力	f_0:　　N；f_1:　　N/（km/h）；f_2:　　N/（km/h）^{2}		
最大车速 /（km/h）		设计乘员数 / 人	
轮胎规格型号		里程表读数 /km	
轮胎生产厂		驱动轮轮胎压力 /kPa	
发动机生产厂		发动机型式	
发动机排量 /L		发动机净功率 / 转速 /（kW/r）	
进气方式		燃料类型及标号	
怠速转速 /（r/min）		驾驶模式设定	
油箱材料		油箱型号	
油箱生产厂		燃料管材料	
油箱压力阀压力设定值		油箱容积 /L	
脱附蒸气控制方式（机械 / 电子）		燃油蒸发 / 加油控制系统类型	

附表 1.2　比对样车 1 配用炭罐参数表

炭罐	型号 / 外观号	
	生产厂	
	活性炭型号	
	活性炭生产厂	
	初始工作能力（丁烷）/（g/100 mL）	
	有效容积 /mL	

附表 2.1 比对样车 2 参数表

车辆类型		整车整备质量 /kg	
VIN		测试质量 /kg	
最大总质量 /kg		驱动型式	
道路阻力	f_0： N；f_1： N/（km/h）；f_2： N/（km/h）^{2}		
最大车速 /（km/h）		设计乘员数 / 人	
轮胎规格型号		里程表读数 /km	
轮胎生产厂		驱动轮轮胎压力 /kPa	
发动机生产厂		发动机型式	
发动机排量 /L		发动机净功率 / 转速 /（kW/r）	
进气方式		燃料类型及标号	
怠速转速 /（r/min）		驾驶模式设定	
油箱材料		油箱型号	
油箱生产厂		燃料管材料	
油箱压力阀压力设定值		油箱容积 /L	
脱附蒸气控制方式（机械 / 电子）		燃油蒸发 / 加油控制系统类型	

附表 2.2 比对样车 2 配用炭罐参数表

炭罐	型号 / 外观号	
	生产厂	
	活性炭型号	
	活性炭生产厂	
	初始工作能力（丁烷）/（g/100 mL）	
	有效容积 /mL	

附表 3　样车接送确认单

<table>
<tr><td>送车单位</td><td colspan="3"></td></tr>
<tr><td>送车人（签字）</td><td></td><td>送车日期</td><td></td></tr>
<tr><td>样车型号</td><td></td><td>里程表读数 /km</td><td></td></tr>
<tr><td>VIN 号</td><td></td><td>发动机号</td><td></td></tr>
<tr><td>样车外观</td><td>□正常　□不正常</td><td>车辆启动性能</td><td>□正常　□不正常</td></tr>
<tr><td>轮胎气压</td><td>□正常　□不正常</td><td>样车行驶状况</td><td>□正常　□不正常</td></tr>
<tr><td>电脑诊断情况</td><td colspan="3">□正常
□不正常，说明：</td></tr>
<tr><td>备注</td><td colspan="3"></td></tr>
<tr><td>接车单位</td><td colspan="3"></td></tr>
<tr><td>接车人（签字）</td><td></td><td>接车日期</td><td></td></tr>
<tr><td>样车型号</td><td></td><td>里程表读数</td><td></td></tr>
<tr><td>VIN 号</td><td></td><td>发动机号</td><td></td></tr>
<tr><td>样车外观</td><td>□正常　□不正常</td><td>车辆启动性能</td><td>□正常　□不正常</td></tr>
<tr><td>轮胎气压</td><td>□正常　□不正常</td><td>样车行驶状况</td><td>□正常　□不正常</td></tr>
<tr><td>电脑诊断情况</td><td colspan="3">□正常
□不正常，说明：</td></tr>
<tr><td>备注</td><td colspan="3"></td></tr>
</table>

附表 4　样车状态登记表

样品状态登记表（样品存单）

基本信息	车主电话		项目号	
	车型		发动机号	
	VIN		驱动型式	
	车辆类型		车辆编号	

交接检查

项目	确认	项目	确认
车主、项目号、基本信息与委托单一致		内饰（完好）	
车辆行驶情况正常		油表油量	
各仪表正常		随车手册	
各零部件基本正常		行驶证	
工具包		车钥匙	
备胎		机油	
封签是否完整		冷却液	
里程表读数/km		油路	

图例	完好：√	缺少：N	划痕：—
	裂痕：×	凹陷：○	脱落：●
	其他：☆		

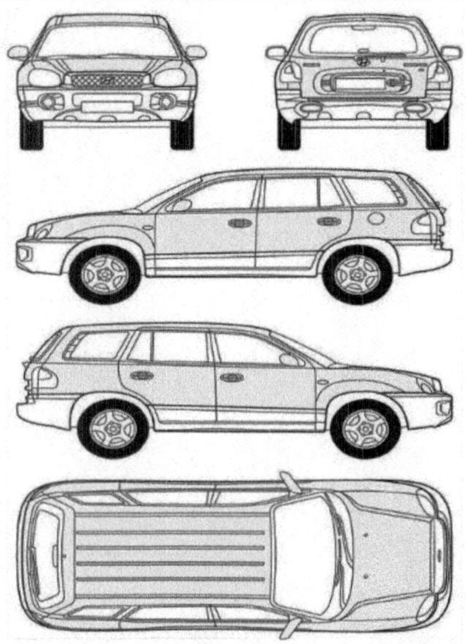

备注：

还车状态记录

车辆状态与接车时一致：是□　　否□

车辆状态说明：

还车时间：

接车人：	还车人：
联系电话：	联系电话：

送样人：	**收样人：**	**接收时间：**
联系电话：	联系电话：	

注：请仔细确认以上基本信息及检查项目，确认车上无贵重物品。若车上存在贵重物品，收样方不负责保管。对上述规定无异议，由双方代表签字确认样品交接。此表一式两份，双方各执一份，客户联作为取车凭证，请妥善保存。

附表 5　车辆 OBD 技术状态确认表

CALID		CVN	
长期燃油调节 （long term fuel trim）		燃油控制系统状态 （Fuel System Control）	
当前故障代码		确认故障代码	
永久故障代码			

附表 6　轻型国六燃油蒸发污染物排放试验过程记录表

国六阶段轻型车 IV 型试验记录表

非整体仅控制加油排放系统（NIRCO）

样车型号：

试验依据：□ GB 18352.6—2016　□ 其他

试验地点：

试验时间：

技术员：

校核人：

样车信息

车架号：		
发动机编号		
里程数		km
总质量		kg
整备质量		kg
最大速度		km/h
轮胎型号		
前轮胎压		kPa
后轮胎压		kPa
油箱容积		L
驱动型式		
发动机型号		
排量		L
最大功率		kW
最大扭矩		Nm

油品信息

类型	
编号	

道路阻力参数		
道路	a/N	
	b/[N/(km/h)]	
	c/[N/(km/h)^2]	
	i/kg	

检测用仪器设备				
设备名称	型号	生产厂	设备编号	检定/校准有效期
底盘测功机				
环境站				
SHED 排放分析仪				

特殊要求

车辆准备

车辆启动正常		
排气系统正常		
仪表无故障灯		
轮胎正常		
里程数		km
是否可以进行试验		
清洗车辆		
清洗轮胎		

当前车内燃油类型 ☐ ☐

开始试验

放油和 40%加油

换油地点 ☐ 环境温度 ☐ ℃ 油温 ☐ ℃

燃油编号 ☐ 加油油量 ☐ L

燃油 RVP ☐ kPa ☐

浸车

浸车地点 ☐ 浸车温度 ☐ ℃

起止时间 ☐

备注：

☐

预处理行驶

日期 ☐ 起止时间 ☐

地点 ☐ 试验温度 ☐ ℃ 车辆里 ☐ km

底盘测功机参数设置 转毂等效转动惯量 ☐ kg

a= ☐ N　b= ☐ N/(km/h)　c= ☐ $N/(km/h)^2$

行驶工况 ☐ 驾驶员 ☐

备注：

预处理炭罐

日期 ______ 环境温度 ______ ℃ 环境湿度 ______ %

炭罐试验前 ______ g 炭罐有效容积 ______ L

试验名称/类别 ______

加载速率 ______ g/h 脱附速率 ______ L/min

脱附量为炭罐有效容积的 ______ 倍

起止时间 ______

炭罐试验后 ______ g 有效判定 ______

备注：

放油和 95%加油

换油地点 ______ 环境温度 ______ ℃ 燃油温度 ______ ℃

燃油编号 ______ 燃油 RVP 值 ______ kPa 加油量 ______ L

断开炭罐

放油和 40%加油

换油地点 ______ 环境温度 ______ ℃ 燃油温度 ______ ℃

燃油编号 ______ 燃油 RVP 值 ______ kPa 加油量 ______ L

95%加油完成与放尽燃油时长 ______ min

重新连接炭罐

高温浸车

浸车地点 ______ 浸车温度 ______ ℃

起止时间 ______

备注：

高温行驶

日　期 ＿＿＿　起止时间 ＿＿＿　地　点 ＿＿＿

机油温度 ＿＿＿ ℃　试验温度 ＿＿＿ ℃　车辆里程 ＿＿＿ km

前轮胎压 ＿＿＿ kPa　后轮胎压 ＿＿＿ kPa　驾 驶 员 ＿＿＿

底盘测功机参数设置

转毂等效转动惯量 ＿＿＿ kg

a= ＿＿＿ N　b= ＿＿＿ N/(km/h)　c= ＿＿＿ N/(km/h)^2

行驶工况 ＿＿＿

备注：

热浸试验

试验名称 ＿＿＿

起止时间 ＿＿＿　有效判定 ＿＿＿

常温浸车

浸车地点 ＿＿＿　浸车温度 ＿＿＿ ℃

起止时间 ＿＿＿

备注：

2 昼夜排放测试

试验名称 ＿＿＿

起止时间 ＿＿＿　有效判定 ＿＿＿

备注：

试验结束

国六阶段轻型车 IV 型试验记录表

整体控制系统、非整体控制系统（除 NIRCO 外）

样车型号：

试验依据：☐ GB 18352.6—2016 ☐ 其他

试验地点：

试验时间：

技术员：

校核人：

样车信息		
车架号：		
发动机编号		
里程数		km
总质量		kg
整备质量		kg
最大速度		km/h
轮胎型号		
前轮胎压		kPa
后轮胎压		kPa
油箱容积		L
驱动型式		
发动机型号		
排量		L
最大功率		kW
最大扭矩		Nm

油品信息	
类型	
编号	

道路阻力参数		
道路	a/N	
	b/[N/(km/h)]	
	c/[N/(km/h)²]	
	i/kg	

检测用仪器设备				
设备名称	型号	生产厂	设备编号	检定/校准有效期
底盘测功机				
环境站				
SHED 排放分析仪				

特殊要求

车辆准备

车辆启动正常

排气系统正常

仪表无故障灯

轮胎正常

里程数 km

是否可以进行试验

清洗车辆

清洗轮胎

当前车内燃油类型

开始试验

放油和 40%加油

换油地点　　环境温度 ℃　　燃油温度 ℃

燃油编号　　加油油量 L

燃油 RVP kPa

浸车

浸车地点　　浸车温度 ℃

起止时间

备注：

预处理行驶

日期　　起止时间

地点　　试验温度 ℃　　车辆里程 km

底盘测功机参数设置　　转毂等效转动惯量 kg

a= N　　b= N/(km/h)　　c= $N/(km/h)^2$

行驶工况　　驾驶员

备注：

放油和 40%加油

换油地点 环境温度 ℃ 燃油温度 ℃

燃油编号 燃油 RVP 值 kPa 加油量 L

完成预处理行驶与放油间隔 min

预处理炭罐至临界点（丁烷）

日期 环境温度 ℃ 环境湿度 %

炭罐加载前 g 炭罐容积设置 L

试验名称/类别

加载速率 g/h

起止时间

炭罐加载后 g 加载质量 g

备注：

有效判定

高温浸车

浸车地点 浸车温度 ℃

起止时间

是否连接辅助炭罐

备注：

高温行驶

日期 ______ 起止时间 ______ 地点 ______

机油温度 ______ ℃ 试验温度 ______ ℃ 车辆里程 ______ km

前轮胎压 ______ kPa 后轮胎压 ______ kPa 驾驶员 ______

底盘测功机参数设置

转毂等效转动惯量 ______ kg

a= ______ N b= ______ N/(km/h) c= ______ N/(km/h)^2

行驶工况 ______ 熄火时间 ______

备注：

热浸试验

试验名称 ______

起止时间 ______ 有效判定 ______

常温浸车

浸车地点 ______ 浸车温度 ______ ℃

起止时间 ______

备注：

2 昼夜排放测试

试验名称 ______

起止时间 ______ 有效判定 ______

备注：

试验结束

附表 7　轻型汽车燃油蒸发污染物排放检验结果报告

表 7.1　实验室信息

实验室名称			
实验室代码			
试验时间	第一次	第二次	第三次
试验人员	第一次	第二次	第三次

表 7.2　车辆及设备信息

车辆型号		车辆 VIN	
道路滑行阻力系数	f_0：　N；f_1：　N/（km/h）；f_2：　N/（km/h）^{2}		
底盘测功机滑行所得阻力系数	A：　N；B：　N/（km/h）；C：　N/（km/h）^{2}		
仪器设备名称	型号	生产厂	检定有效期
底盘测功机			
密闭室			
碳氢分析仪			
蒸气压测试装置			

表 7.3　燃油蒸发污染物排放测试原始数据记录表

检验项目	第一次			第二次			第三次		
	热浸 1-1	昼夜 1-1	昼夜 1-2	热浸 2-1	昼夜 2-1	昼夜 2-2	热浸 3-1	昼夜 3-1	昼夜 3-2
THC 初始浓度 /ppmC1									
THC 终了浓度 /ppmC1									
初始气压 /kPa									
终了气压 /kPa									
初始温度 /℃									

续表

检验项目	第一次			第二次			第三次		
	热浸 1-1	昼夜 1-1	昼夜 1-2	热浸 2-1	昼夜 2-1	昼夜 2-2	热浸 3-1	昼夜 3-1	昼夜 3-2
终了温度 /℃									
补偿气袋初始体积 /L									
补偿气袋终了体积 /L									
校正后净体积 /L									
测试结果 /mg									

表 7.4　燃油蒸发污染物排放测试试验结果记录表

检验项目	检验结果（不含劣化修正值）		
	试验 1	试验 2	试验 3
热浸试验 /（g/test）			
昼间换气试验 /（g/test）			
试验结果 /（g/test）			

检测人员（签字）：　　　　审核人员（签字）：

日期：　　　　日期：

附表 8　比对试验结果通知单

计划名称：燃油蒸发污染物排放试验（国六Ⅳ型）实验室间比对
计划编号：×××
参加实验室 / 单位名称：×××× 有限公司（×× 实验室）

<table>
<tr><td colspan="2">样车</td><td colspan="6">1 号样车</td></tr>
<tr><td colspan="2">试验项目</td><td colspan="2">试验结果</td><td>试验结果平均值</td><td>所有参比实验室测试结果的标准偏差</td><td>实验室结果与$\bar{X}$差值</td><td>结果评定</td></tr>
<tr><td rowspan="12">燃油蒸发污染物排放试验</td><td rowspan="4">第一次试验</td><td>热浸碳氢排放 /g</td><td></td><td rowspan="12"></td><td rowspan="12"></td><td rowspan="12"></td><td rowspan="12"></td></tr>
<tr><td>第一昼间碳氢排放 /g</td><td></td></tr>
<tr><td>第二昼间碳氢排放 /g</td><td></td></tr>
<tr><td>试验结果 /（g/test）</td><td></td></tr>
<tr><td rowspan="4">第二次试验</td><td>热浸碳氢排放 /g</td><td></td></tr>
<tr><td>第一昼间碳氢排放 /g</td><td></td></tr>
<tr><td>第二昼间碳氢排放 /g</td><td></td></tr>
<tr><td>试验结果 /（g/test）</td><td></td></tr>
<tr><td rowspan="4">第三次试验</td><td>热浸碳氢排放 /g</td><td></td></tr>
<tr><td>第一昼间碳氢排放 /g</td><td></td></tr>
<tr><td>第二昼间碳氢排放 /g</td><td></td></tr>
<tr><td>试验结果 /（g/test）</td><td></td></tr>
</table>

<table>
<tr><td colspan="2">样车</td><td colspan="6">2 号样车</td></tr>
<tr><td colspan="2">试验项目</td><td colspan="2">试验结果</td><td>试验结果平均值</td><td>所有参比实验室测试结果的标准偏差</td><td>实验室结果与$\bar{X}$差值</td><td>结果评定</td></tr>
<tr><td rowspan="4">燃油蒸发污染物排放试验</td><td rowspan="4">第一次试验</td><td>热浸碳氢排放 /g</td><td></td><td></td><td></td><td></td><td></td></tr>
<tr><td>第一昼间碳氢排放 /g</td><td></td><td></td><td></td><td></td><td></td></tr>
<tr><td>第二昼间碳氢排放 /g</td><td></td><td></td><td></td><td></td><td></td></tr>
<tr><td>试验结果 /（g/test）</td><td></td><td></td><td></td><td></td><td></td></tr>
</table>

续表

样车		2号样车					
试验项目		试验结果		试验结果平均值	所有参比实验室测试结果的标准偏差	实验室结果与$\bar{X}$差值	结果评定
燃油蒸发污染物排放试验	第二次试验	热浸碳氢排放 /g					
		第一昼间碳氢排放 /g					
		第二昼间碳氢排放 /g					
		试验结果 /（g/test）					
	第三次试验	热浸碳氢排放 /g					
		第一昼间碳氢排放 /g					
		第二昼间碳氢排放 /g					
		试验结果 /（g/test）					

注：所有参比实验室测试结果的标准偏差 s_σ 按下式计算：

$$s_\sigma=\sqrt{\frac{\sum_{i=1}^{n}(X_i-\bar{X})^2}{n-1}}$$

式中：s_σ——所有参比单位燃油蒸发试验结果均值的平均值的标准偏差；

X_i——第 i 个参比单位燃油蒸发污染物排放测试 3 次试验结果的平均值；

$\bar{X}$——所有参比单位燃油蒸发污染物排放试验结果均值的平均值；

n——参比单位数量。

燃油蒸发污染物排放比对试验结果判定：参比单位的燃油蒸发排放测试结果的平均值与$\bar{X}$的差值在 $\pm 3s_\sigma$ 以内，则比对结果满意；反之，则比对结果不满意。

××××有限公司

（比对试验组织单位）

附录 B　比对报告模板

封面

轻型国六燃油蒸发污染物排放比对试验

技术总结报告

实验室比对技术工作组

×××× 年 ×× 月

目录

1. 摘要

为有效落实《轻型汽车污染物排放限值及测量方法（中国第六阶段）》（GB 18352.6—2016），提高各实验室轻型汽车燃油蒸发排放测试数据准确性和一致性，由 ××× 组织了 2025 年轻型国六燃油蒸发排放比对试验。

报告总结了 7 家参比实验室开展轻型国六燃油蒸发排放试验的情况。比对试验遵循轻型国六排放标准的要求，按照《轻型汽车国六蒸发排放试验能力比对指南》规定的方法开展。比对试验采用同一台试验车，使用同批次标准燃油在各参比实验室进行。通过比对试验促进了参比实验室间的技术交流、统一了对标准的理解、规范了燃油蒸发排放检测流程，提升了各实验室燃油蒸发排放测试结果的准确性和一致性水平。

在所有参比实验室进行的轻型国六燃油蒸发排放测试中，试验样车的燃油蒸发排放量均符合轻型国六标准的排放限值要求。有一家实验室的结果显示出明显的离群现象，该实验室的燃油蒸发排放测量值显著高于其他实验室的平均值，这一结果可能与其测试设备的校准、操作流程或环境条件有关。这家实验室的测试结果仍在轻型国六排放标准规定的限值以内，虽然不影响对车辆燃油蒸发排放合规性的判断，但比对试验结果的差异表明，该实验室在轻型国六燃油蒸发污染物排放测量方面可能存在一定的不确定性，需要进一步调查原因并改进。

对于其他实验室的结果，它们在总体上保持了较好的一致性，反映了各实验室在遵循轻型国六排放标准、按要求开展试验方面具有较高的技术水平和质量控制能力。

综上所述，此次轻型国六燃油蒸发排放检测实验室间比对活动的结果显示，绝大部分参比实验室能够高标准地开展相关测试工作。对于发现的离群现象，建议相关实验室对试验流程进行检查，重新校准测试设备，以确保未来测试结果的一致性和准确性。同时，建议组织方对新车的燃油蒸发排放检测结果持续关注并定期组织类似比对试验，以保持和提升实验室的检测能力。

2. 比对方法

此次比对共有 7 家实验室参与，分别为××××（实验室编号：A）、××××（实验室编号：B）、××××（实验室编号：C）、××××（实验室编号：D）、××××（实验室编号：E）、××××（实验室编号：F）、××××（实验室编号：G），采用循环比对的方式，每个实验室对两台样车进行试验。

本次试验的组织方式采用集中领导和分工协作的模式，确保整个比对试验高效有序地进行。具体的组织安排如下：

①牵头单位：负责整个比对试验的统筹工作，包括制订试验计划、协调资源、分配任务以及最终汇总各实验室数据和报告。

②先导实验室：选定牵头单位的实验室作为先导实验室，承担对样车进行稳定性确认的工作，保证样车在比对试验中处于正常状态。此外，先导实验室还负责解决整个比对活动中遇到的技术问题，对试验中出现的异常情况进行分析，并提供专业的技术支持。

③参与比对实验室：其余 6 家参比实验室按照牵头单位的安排接收样车，并在收到样车后进行规定的燃油蒸发污染物排放试验。这些实验室的主要任务是严格按照试验要求执行试验，并将结果及时反馈给牵头单位。

具体的比对试验流程如下：

①牵头单位与先导实验室共同选定合适的试验样车，并准备充足的耗材以供所有参比实验室使用。

②先导实验室对样车进行初步的稳定性测试，确保样车发送到各参比实验室之前技术状态稳定。

③样车流转至各参比实验室，由各实验室按预定的时间开展燃油蒸发排放测试。

④所有参比实验室在规定时间内完成试验，将结果提交给组长单位。

⑤牵头单位收集所有试验数据，进行数据分析，编制比对试验总结报告。

这种组织方式能够确保试验的公正性、准确性和可重复性，便于监控整个比对试验过程。通过集中领导和分工协作，参比实验室能专注于各自任务，高效完成测试。

2.1 样车信息

此次比对试验选用了 ×××× 公司生产的 ×××× 型轻型汽油车 1 台，×××× 公司生产的 ×××× 型轻型汽油车 1 台，共两台测试车辆，车辆信息如表 1 和表 2 所示。

表 1 ×××× 型车辆信息

车辆类型		整车整备质量 /kg	
VIN		测试质量 /kg	
最大总质量 /kg		驱动型式	
道路阻力	f_0:　　N；f_1:　　N/（km/h）；f_2:　　N/（km/h）^{2}		
最大车速 /（km/h）		设计乘员数 / 人	
轮胎规格型号		里程表读数 /km	
轮胎生产厂		驱动轮轮胎压力 /kPa	
发动机生产厂		发动机型式	
发动机排量 /L		发动机净功率 / 转速 /（kW/r）	
进气方式		燃料类型及标号	
怠速转速 /（r/min）		驾驶模式设定	
油箱材料		油箱型号	
油箱生产厂		燃料管材料	
油箱压力阀压力设定值		油箱容积 /L	
脱附蒸气控制方式（机械 / 电子）		燃油蒸发 / 加油控制系统类型	

表 2 ×××× 型车辆信息

车辆类型		整车整备质量 /kg	
VIN		测试质量 /kg	
最大总质量 /kg		驱动型式	
道路阻力	f_0:　　N；f_1:　　N/（km/h）；f_2:　　N/（km/h）^{2}		

续表

最大车速 /（km/h）		设计乘员数 / 人	
轮胎规格型号		里程表读数 /km	
轮胎生产厂		驱动轮轮胎压力 /kPa	
发动机生产厂		发动机型式	
发动机排量 /L		发动机净功率 / 转速 /（kW/r）	
进气方式		燃料类型及标号	
怠速转速 /（r/min）		驾驶模式设定	
油箱材料		油箱型号	
油箱生产厂		燃料管材料	
油箱压力阀压力设定值		油箱容积 /L	
脱附蒸气控制方式（机械 / 电子）		燃油蒸发 / 加油控制系统类型	

2.2 试验内容及数量

此次比对试验依据《轻型汽车污染物排放限值及测量方法（中国第六阶段）》（GB 18352.6—2016）标准开展轻型汽车燃油蒸发污染物测试，共对两辆样车进行测试，每辆样车在每家参比实验室开展 3 次试验。试验开始前后，试验车先在先导实验室各开展 3 次稳定性测试。

2.3 试验设备情况

表 3 参比实验室燃油蒸发排放测试设备信息

实验室名称	试验仪器设备	生产厂家
参比单位 1		
参比单位 2		
参比单位 3		

续表

实验室名称	试验仪器设备	生产厂家
参比单位 4		
参比单位 5		
参比单位 6		
参比单位 7		

2.4 结果评价方法

试验结果的标准偏差 s_σ 按下式计算：

$$s_\sigma=\sqrt{\frac{\sum_{i=1}^{n}(X_i-\bar{X})^2}{n-1}}$$

式中：s_σ——所有参比单位燃油蒸发试验结果均值的平均值的标准偏差；

X_i——第 i 个参比单位燃油蒸发污染物排放测试 3 次试验结果的平均值；

$\bar{X}$——所有参比单位燃油蒸发污染物排放试验结果均值的平均值；

n——参比单位数量。

燃油蒸发污染物排放比对试验结果判定：参比单位的燃油蒸发排放测试结果的平均值与$\bar{X}$的差值在 $\pm 3s_\sigma$ 以内，则比对结果满意；反之，则比对结果不满意。

3. 总体评价结果

按偏差法对结果进行评价，评价结果如表 4 所示。

表 4　多个实验室燃油蒸发试验评价结果

实验室序号	试验结果，x_i（g/Test）			X_i	$\bar{X}$	s_σ	$\frac{\lvert X_i-\bar{X}\rvert}{s_\sigma}$
	1	2	3				
1							
2							
3							
4							
5							
6							
7							

4. 分析讨论

4.1　比对结果概述

本次轻型国六燃油蒸发污染物排放比对试验共有 7 家实验室参与，对不同型号的两台轻型汽油车（M1 类）进行了燃油蒸发污染物排放测试。比对结果显示，除一家实验室外，其余参比实验室的测试结果均保持较好的一致性。

4.2　实验室间数据分析

（1）单个实验室 COV（变异系数）：通过对每个实验室的 COV（变异系数）进行分析，可以了解各实验室在相同测试条件下的数据离散程度。如果某实验室的 COV 值较高，说明其测试结果的稳定性较差，可能存在操作或设备问题。在本次比对中实验室 F 的 COV 值比其他实验室明显偏高，后续需要继续调查出现问题的原因。

（2）多个实验室结果分布：通过结果分布图可以直观地看到各实验室测试结果的一致性情况。如果某实验室的数据点明显偏离其他实验室的数据点群，说明其测试结果可能存在异常。在本次比对中，编号 B 的实验室 z 分数结果点明显偏离了其他实验室的数据点群。

4.3　误差原因分析

（1）试验样车炭罐和油路多次拆卸与安装之后，接口密封性能降低，会对试验结果产生一定影响。

（2）炭罐加载过程中温湿度环境条件会对炭罐加载量产生影响，并影响最终的试验结果。

（3）密闭室等设备的技术参数存在差异，也会对试验结果产生一定影响。

综上所述，试验结果误差主要由设备仪器误差、车辆及部件稳定性、检验人员的操作误差等因素引起。

5. 比对结论

经由 ×××× 组织，在各参比单位大力支持下，经过比对试验技术专家和各参与比对实验室试验人员的努力，本次比对试验活动圆满结束。本次比对试验方法科学、合理，过程监督有效、公正，试验结果真实、可靠。

参与比对实验室的试验设备满足《轻型汽车污染物排放限值及测量方法（中国第六阶段）》（GB 18352.6—2016）标准要求。在比对试验开展过程中，绝大多数试验设备技术状态良好，测试数据准确，试验结果具有较好的再现性。由于比对试验的目的是提高全体参比实验室轻型汽车燃油蒸发污染物排放测试水平，组织方式遵循集体参与、数据公开的原则。

参比实验室测试人员与试验技术专家在比对试验期间进行了深入交流，就测试设备的功能 / 标定 / 检查 / 校正、测试结果的误差分析、比对试验评价方法等内容进行了相互学习和讨论，提高了各实验室测试人员的技术能力和专业水平。

虽然可能影响燃油蒸发污染物排放试验结果的因素较多，但大多数燃油蒸发测试设备得出的试验结果都控制在标准偏差 $\pm 2\sigma$ 以内。此次比对发现实验室 B 和实验室 F 的测量可能存在问题，建议后续对相关问题点进行系统分析并采取改进措施，其他实验室均符合工作组指定的评价标准，取得了满意的比对结果。

燃油蒸发污染物排放实验室系统非常复杂，影响试验结果的环节和因素较多。因此，定期或不定期进行实验室间的排放比对试验十分必要，可以及时发现并解决试验设备存在的问题和隐患，保证试验设备稳定正常运行以及试验数据的真实性和正确性。

针对部分实验室在排放测量上存在的问题，建议其进行内部审查和必要的校准工作，以确保未来测试结果的一致性和准确性。同时，建议组织方持续监控并定期举行类似比对试验，以维持和提升各实验室的检测能力。此外，通过加强技术交流、共享经验和方法，可以进一步提高各实验室的测试水平和质量控制能力。

参考文献

[1] 中华人民共和国生态环境部 . 中国移动源管理年报 [OL].(2025-03-26). [2025-05-16]. https://www.mee.gov.cn/hjzl/sthjzk/ydyhjgl/202503/t20250326_1104757.shtml.

[2] 中华人民共和国生态环境部 . 中国生态环境状况公报 [OL].(2023-05-26). [2025-05-16]. https://www.mee.gov.cn/hjzl/sthjzk/zghjzkgb/index.shtml.

[3] 张瀛，杨新平，王运静，等 . 机动车蒸发排放研究方法及排放特征的研究进展 [J]. 环境科学研究，2024，37(4)：728-739.

[4] 温宥越，于云江，孙强，等 . 我国污染物健康风险毒性数据库构建研究 [J]. 环境科学研究，2022，35(11)：2608-2617.

[5] 环境保护部，国家质量监督检验检疫总局 . 轻型汽车污染物排放限值及测量方法(中国第六阶段)：GB 18352.6—2016[S]. 北京：中国环境科学出版社，2020.

[6] 轻型车国六标准实施细则(试行修订稿).

[7] CNAS-GL032. 能力验证的选择核查与利用指南 [S]. 中国合格评定国家认可委员会 .

[8] CNAS-GL002. 能力验证结果的统计处理和能力评价指南 [S]. 中国合格评定国家认可委员会 .

[9] CNAS-GL023. 汽车和摩托车检测领域典型参数的测量不确定度评估指南及实例 [S]. 中国合格评定国家认可委员会 .

[10] CNAS 技术报告：测量不确定度在符合性判定中的应用 [R]. 中国合格评定国家认可委员会 .

[11] CNAS-GL003. 能力验证样品均匀性和稳定性评价指南 [S]. 中国合格评定国家认可委员会 .

[12] GB/T 28043—2019. 利用实验室间比对进行能力验证的统计方法 [S]. 北京：

中国标准出版社，2019.

[13] GB/T 6379.2—2004. 测量方法与结果的准确度（正确度与精密度）第 2 部分：确定标准测量方法重复性与再现性的基本方法 [S]. 北京：中国标准出版社，2004.

[14] ISO/IEC 17043: 2010. Conformity assessment—General requirements for the competence of proficiency testing providers[S]. ISO/IEC.

[15] GB/T 27418—2017. 测量不确定度评定和表示 [S]. 中华人民共和国国家质量监督检验总局，中国国家标准化管理委员会 .

[16] JJF 1059.1—2012. 测量不确定度评定与表示 [S]. 北京：中国标准出版社，2012.